M. Suresh Gandhi
Shreyata Sohni

Geomorfologia tectónica da bacia hidrográfica do continente de Kutch, Índia

M. Suresh Gandhi
Shreyata Sohni

Geomorfologia tectónica da bacia hidrográfica do continente de Kutch, Índia

ScienciaScripts

Imprint

Cover image: www.ingimage.com

This book is a translation from the original published under ISBN 978-3-659-97029-0.

Publisher:
Sciencia Scripts
is a trademark of
Dodo Books Indian Ocean Ltd. and OmniScriptum S.R.L publishing group

120 High Road, East Finchley, London, N2 9ED, United Kingdom
Str. Armeneasca 28/1, office 1, Chisinau MD-2012, Republic of Moldova, Europe
Printed at: see last page
ISBN: 978-620-8-20522-5

ÍNDICE DE CONTEÚDOS

Capítulo - 1

INTRODUÇÃO

Kachchh é o segundo maior distrito da Índia, com uma área de 45.612 km2, situado entre 22^0 - 24° de latitude norte e 68° - 71° de longitude leste. Situa-se no extremo ocidental da Índia, com a sede distrital em Bhuj, uma pequena cidade histórica situada quase no meio do distrito e rodeada de dois lados por cadeias de montanhas. Kachchh possui uma terra única, salina e desolada, sem vegetação, com uma área total de 23 310 km2 conhecida como Rann. O distrito tem 9 Talukas, que cobrem 23,27% da área de todo o estado de Gujarat, embora contribua apenas com 3,03% da população do estado, com apenas 12,5 lakh pessoas. Kachchh é conhecida por ter uma população de gado superior à dos humanos, pela simples razão de que possui uma vasta área de pastagem de Banni, planícies costeiras e extensões aluviais de terras altas rochosas. A industrialização na última década afectou negativamente a topografia costeira e o ecossistema marinho de terra seca de Kachchh.

A bacia sedimentar de Kachchh, que se estende desde o Grande Rann de Kachchh, a norte, até à península de Kathiawar (Saurashtra), a sul, é tipicamente uma bacia peri-continental embaçada que ocupa um Graben fendido. A bacia é preenchida por sedimentos mesozóicos com mais de 3000 m de espessura, que estão expostos nas zonas montanhosas. Estes sedimentos foram depositados em dois mega-ciclos - um ciclo transgressivo do Jurássico médio e um ciclo regressivo do Jurássico tardio - Cretácico inicial. Os dois mega-ciclos incluem faces curtas de sub-ciclos transgressivos-regressivos. A bacia foi primeiramente rifteada no final do Triássico e inundada no Bajociano ou mesmo antes. A sucessão mesozóica foi subdividida litoestratigraficamente e cronoestratigraficamente.

A bacia de Kachchh é uma bacia de rift pericratónica da margem ocidental da Índia. A fissura de Kachchh foi iniciada durante a rutura do Gondwanaland no Triásico Superior pela reativação de falhas primordiais na cintura de dobras pré-cambriana de Deli. O rifting foi abortado durante a fase de pré-colisão da placa indiana no final do Cretáceo. Durante o regime compressivo pós-colisão da placa indiana, a bacia de rifte de Kachchh tornou-se uma zona de cisalhamento com movimentos de deslizamento ao longo de falhas de rifte subparalelas.

A estrutura de Kachchh inclui seis grandes elevações, que deram origem à zona montanhosa do continente de Kachchh, Waged e cintura de ilhas (Pachham, Khadir, Bela e Chorar). Estes planaltos foram elevados principalmente no período pré-terciário, expondo os sedimentos mesozóicos. A elevação foi produzida por falhas marginais quase verticais, localizadas no subsolo. A falha principal e a elevação ao longo delas são os principais lineamentos estruturais E - W. A caraterística mais marcante da bacia é a elevação estrutural ou crista no subsolo que atravessa a elevação do continente, a elevação de Banni e a elevação de Pachham, e parece continuar para norte. A elevação estrutural, designada por elevação mediana, separa a parte oriental mais elevada do subsolo da parte ocidental, que mergulha gradualmente. Afectou as faces e a espessura dos sedimentos nos lados oriental e ocidental. Acredita-se que esta elevação tenha sido formada na zona de charneira da bacia por arqueamento do subsolo ao longo da linha de charneira.

O **rio Khari** é um rio de curso norte que nasce no distrito central de Kutch e desagua na planície de Banni. O rio tem uma tendência NE-SW em relação à tendência do KHF. A evolução tectónica e o fenómeno sísmico da região de Kachchh foram atribuídos a movimentos diferenciais ao longo das falhas mestras de tendência E-W. No entanto, existe também um sistema de falhas transversais NW-SE a NE-SW que atravessa o tecido tectónico E-W de Kachchh. Na região central de Kachchh continental, a falha de Katrol Hill (KHF) é uma das principais falhas de tendência E-W. A compreensão dos episódios de reativação no passado tem influência na futura sismicidade da região. Estas reactivações manifestam-se pelo deslocamento da elevação dos sedimentos fluviais e dos coluviões derivados da escarpa na bacia do rio Khari, a SE de Bharasar (23°11'36.5 "N, 69°35'22.6 "E) (Thakkar, M. G et al, 2006), a KHF atravessa o rio e tem uma tendência na direção NE-SW. A trajetória dos cursos de água numa região sismicamente ativa é modificada pela natureza da deformação relacionada com a falha, a geologia e o clima (Schumm, 1986).

O rio Rukhmawati é um rio que corre para sul, com origem no distrito central de Kutch, e desagua no Mar Arábico em Mandvi, sendo o rio com tendência NE-SW transversal à KHF.

As falhas transversais e o padrão de junção ao longo da tendência do rio indicam que a bacia dos rios Khari e Rukhmawati é uma bacia estruturalmente controlada. As falésias e gargantas quaternárias na bacia hidrográfica também indicam a atividade neotectónica na área da bacia.

No presente estudo, foi feita uma tentativa de explorar os estudos geológicos e morfotectónicos de acordo com o estudo tectónico e geomórfico associado à bacia dos rios Khari e Rukhmawati de Kachchh, uma vez que a caraterística tectónica e os elementos morfotectónicos associados revelarão a natureza dos episódios tectónicos recentes.

1.1 Objetivo e âmbito da área de estudo

- Preparar o mapa geológico e estrutural da área de estudo.
- Análise morfométrica das bacias de Khari e Rukhmawati.
- Gerar a História Tectónica da Bacia de Khari e Rukhmawati.
- Construir a história deposicional quaternária e a tectónica das bacias de Khari e Rukhmawati.

1.2 Metodologia

Durante o presente estudo na região continental de Kachchh, o autor utiliza várias metodologias para descobrir o papel do clima e da tectónica na formação da paisagem atual da região continental de

Kachchh. A fim de descobrir a tectónica ativa e a evolução morfotectónica da área de estudo, a relação entre a morfologia e a tectónica foi investigada ao longo e através da zona da Falha de Katrol Hill (KHF). A correlação dos principais tecidos estruturais com o crescimento sequencial da configuração geomórfica menor é bem compreendida através da aplicação de parâmetros morfométricos intrincados na cordilheira Katrol Hill de Kachchh. Foram efectuados estudos morfométricos utilizando parâmetros tectónicos activos convencionais para avaliar a evolução da paisagem quaternária e o papel dos elementos tectónicos principais e secundários na formação da paisagem destas ilhas.

- Recolha de literatura relacionada com a tectónica do Quaternário das áreas relevantes no mundo. Referir os trabalhos geológicos e estruturais anteriores efectuados por diversos trabalhadores na área de estudo.

- Obtenção de imagens de satélite e toposheets da área. Preparação do mapa estrutural e tectónico detalhado da área de estudo utilizando imagens de satélite e mapas topográficos.

- A análise morfométrica utilizando o software GIS e utilizando diferentes parâmetros morfométricos, podemos selecionar possíveis locais para áreas de campo e também podemos concluir a possível atividade estrutural na área de estudo.

- Trabalho de campo de reconhecimento na área de estudo para a identificação geral de formas de relevo e estruturas.

- Preparar o registo litológico de várias litofácies sedimentares.

- Recolher uma amostra deOSL para oDating.

- Documentar as caraterísticas estruturais e neotectónicas.

Análise da rede de drenagem

Foi realizada uma análise geomorfológica sistemática da rede de drenagem das duas bacias hidrográficas utilizando mapas topográficos SOI 1:50.000, software GSI, cartografia de campo e levantamento de caraterísticas anómalas de vales fluviais individuais. As imagens de satélite e os dados SRTM disponíveis no sítio Web também foram utilizados para a análise. As anomalias na rede de drenagem são primeiramente identificadas pela morfometria da drenagem e as suas observações de campo em perfis longitudinais e secções transversais são formadas como pontos de estrangulamento e mudanças na intensidade de episódios de erosão rejuvenescida ou modem. As análises morfométricas foram efectuadas com recurso a software SIG, enquanto os perfis longitudinais dos cursos de água foram construídos sobre cartas topográficas 1:50.000, com intervalos de contorno de 20m. As secções transversais dos vales foram também baseadas em mapas de 1:50.000 e em dados de alta resolução do Google Earth e de STRM. Os segmentos de vale de incisão ou erosão recente foram cartografados no terreno com recurso a GPS. Parâmetros como Perfil Longo, Índice de Gradiente e Sinuosidade da Frente da Montanha, etc., são obtidos a partir de medições em mapas topográficos.

Análise dos lineamentos Morph:

Uma vez que as bacias dos rios Khari e Rukhmawati são estruturalmente controladas pela fase de inversão do rifte principal da bacia de Kachchh, principalmente ao longo da IBF, geram muitas caraterísticas jovens, incluindo padrões de fratura e sistemas de juntas. Estes lineamentos são representados por elementos lineares do relevo, como o traçado de declives rectilíneos ou formas de relevo relacionadas com a rede de drenagem. Podem estar associados a deslocamentos tectónicos ou a fronteiras geológicas (Ostaficzuk, 1981; Badura et al., 2003). Estes lineamentos estão identificados em mapas 1:50.000 (toposheets de uma polegada) e também em mapas STRM da área. Durante a análise com softwares SIG autênticos, o comprimento dos lineamentos morfológicos foi considerado em relação às suas tendências. Apenas os lineamentos morfológicos significativos, com comprimento superior a 1000m, foram tidos em conta. Além disso, a sua orientação foi comparada com a dos sistemas de falhas, de modo a avaliar as suas possíveis relações casuais, tais como a influência da estrutura no padrão de drenagem ou o impacto da neotectónica nas formas de relevo. Foram efectuados controlos de campo para cada parâmetro morfométrico e para os lineamentos morfológicos, a fim de evitar contradições na correlação entre os parâmetros e as caraterísticas.

Em concomitância com a evolução da paisagem quaternária ao longo da Falha de Katrol Hill (KHF), foram também investigadas no terreno caraterísticas geomórficas distintivas de erosão e deposição.

Foram identificadas camadas rochosas de diferentes episódios a norte da bacia dos rios Khari e Rukhmawati. Parâmetros morfométricos como a integral hipsométrica, os rácios de alongamento, os rácios de bifurcação e a sinuosidade da frente da montanha sugerem uma paisagem tectonicamente ativa. Três limiares distintos nos perfis longos da maioria das bacias de drenagem são um resultado notável do estudo morfométrico, uma vez que complementam três estratos rochosos erosivos na área. Como resultado, três episódios de impulsos tectónicos do Pleistoceno tardio ao Holoceno são estabelecidos ao longo da Falha de Katrol Hill (KHF) e falhas transversais associadas.

O autor também tentou descobrir a história paleoambiental de deposição dos depósitos quaternários das franjas da Falha de Katrol Hill (KHF) encontrados na bacia dos rios Khari e Rukhmawati, respetivamente. Durante o trabalho de campo, o autor recolheu várias amostras com datação OSL de cada local. Foram também preparados registos sedimentológicos no terreno para cada secção do Quaternário.

Metodologia de datação por luminescência

Os métodos de luminescência baseiam-se no facto de que, durante a meteorização e o transporte, e antes da deposição, a exposição à luz do dia provoca o branqueamento da luminescência pré-existente (luminescência geológica) dos minerais constituintes (quartzo e feldspatos de potássio) até um pequeno valor residual. No enterramento, a exposição à luz do dia cessa e a reacumulação de luminescência ocorre para além do nível de luminescência no momento da deposição. A reacumulação de luminescência continua até à escavação e a luminescência total (adquirida para além do nível residual inicial) pode ser convertida em idade através da estimativa da dose anual de decaimento da radioatividade natural ambiente, nomeadamente urânio, tório e potássio. Os princípios básicos da datação por luminescência são discutidos em Aitken (1985, 1998) e Singhvi e Krbetschek (1996).

Foram recolhidas para análise um conjunto de 4 amostras de sedimentos e uma amostra de cerâmica. Estas amostras foram recolhidas nas secções recentemente expostas da secção dos rios Khari e Rukhmawati. A amostra de cerâmica foi selecionada à mão e envolvida em folha de alumínio coberta com algodão preto. A amostra de cerâmica foi analisada utilizando a técnica de datação por termoluminescência (TL) (Zimmerman, 1971), enquanto a datação ótica foi utilizada para amostras de sedimentos empregando o protocolo de regeneração de alíquota única (SAR) proposto por Murray e Wintie (2000). De um modo geral, foram recolhidas várias amostras num mesmo perfil, a diferentes profundidades, de modo a avaliar a consistência interna das idades e a discernir a continuidade ou interrupções da sedimentação. Todas as amostras foram tratadas em IN HC1 e 30% H_2O_2 para remover carbonato e matéria orgânica e foram peneiradas a seco para obter uma fração de tamanho 105-150 m. Os grãos magnéticos foram depois removidos num separador magnético de Frantz. Os minerais de quartzo e feldspato foram isolados com politungstato de sódio ou ¼ 2:58 g=cm_3Þ: As fracções de quartzo foram condicionadas durante 80 minutos em HF 40% com agitação magnética e depois tratadas com HC1 12N durante 30 minutos. Os grãos condicionados foram montados como monocamada em discos de aço inoxidável utilizando Silkospray TM e a pureza dos grãos de quartzo foi verificada por luminescência estimulada por infravermelhos. Como precaução adicional contra a contribuição da luminescência estimulada por luz azul-verde (BGSL) de feldspatos residuais ou micro-inclusões de feldspato nos grãos de quartzo, todas as alíquotas (naturais e irradiadas em laboratório) foram pré-branqueadas por luz infravermelha (IR) de 880 nm a 1001C ou 5 min antes de qualquer leitura BGSL (Jain e Singhvi, 2001). Isto foi feito partindo do princípio de que a estimulação por IR a 1001C não afecta negativamente a BGSL do quartzo. Todas as amostras foram pré-aquecidas a 2201C durante 1 minuto: as alíquotas de quartzo "limpo de feldspato" foram estimuladas utilizando uma lâmpada de halogéneo de tungsténio filtrada fornecida com um leitor Riso TL-DA-15. O sistema ótico de deteção era constituído por dois filtros Hoya U-340 e um filtro Schott BG-39. A irradiação beta foi efectuada com uma fonte de 25 mCi 90Sr=90Y. A dose equivalente ðDeÞ foi estimada utilizando o método da dose aditiva de alíquotas múltiplas com uma normalização natural e subtração da luz tardia. Tipicamente, foram utilizadas 30-40 alíquotas para a construção da curva de crescimento, que tinha B5-6 pontos de dose e 4-5 réplicas em cada ponto de dose. O esquema de irradiação para a construção da curva de crescimento seguiu a prescrição de Felix e Singhvi (1997). O ajuste da curva foi efectuado utilizando o programa comercial fornecido pelo TL-DA-15 com ponderação para cada ponto com base na dispersão. Não foi feita qualquer correção para a transferência térmica. A estimativa da taxa de dose baseou-se na contagem alfa de ZnS (Ag) de fonte espessa para as concentrações elementares de urânio e tório, enquanto a concentração de potássio foi estimada utilizando a espetrometria de raios gama de Nal (Tl).

No entanto as amostras estão em processo de datação OSL e TL, à medida que a data for chegando este título da dissertação será comprovado de forma mais perfeita.

1.3 Localização geográfica da área de estudo

A área de estudo inclui o continente de Kachchh. Parte da região central de Kachchh entre E 69° 15'e 700 e N 23° 00'e 240 00'que se encontra abrangida pelas toposheets n.º 41E/ ofl:50.000 do Survey of India. 41E/ de escala l:50.000.

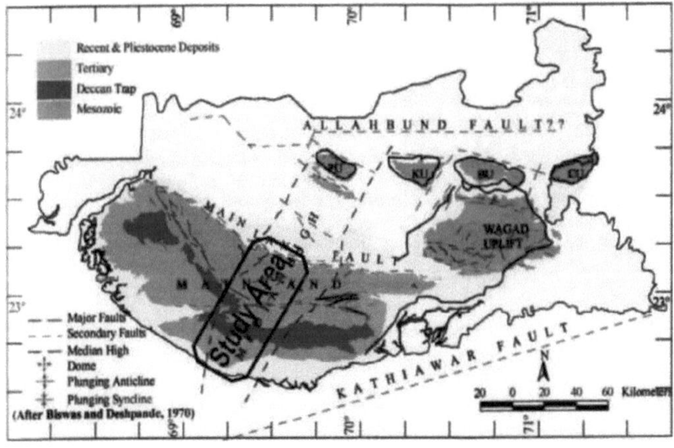

Figura 1.1: Mapa da bacia de Kachchh mostrando a área de estudo, as principais falhas e as divisões fisiográficas de pormenor

1.4 Clima

A área do estudo está situada no Trópico de Câncer, pelo que a região regista condições climáticas tropicais a subtropicais. Além disso, devido à sua localização peculiar na margem da zona árida a semi-árida do sul e sudoeste da Ásia, regista condições climáticas extremas. A temperatura média no verão é de 420 - 430 C; excecionalmente, atinge 450-470. A temperatura no inverno raramente se aproxima dos 320°C, mas é frequente a temperatura mínima nocturna descer para 30 - 40°C, enquanto a temperatura mínima média é de 70 - 100°C. Os meses de inverno e de verão são geralmente de novembro a fevereiro e de março a junho, respetivamente. A monção média começa no início de julho, mas devido à baixa taxa de precipitação, a precipitação média situa-se entre 130 e 150 mm, o que também é bastante irregular. A aridez contínua, as condições meteorológicas extremas, as caraterísticas geográficas únicas e a baixa capacidade de retenção de humidade do solo e das rochas resultaram numa paisagem estéril e em muito poucos terrenos cultivados na região.

1.5 Comunicação e transportes

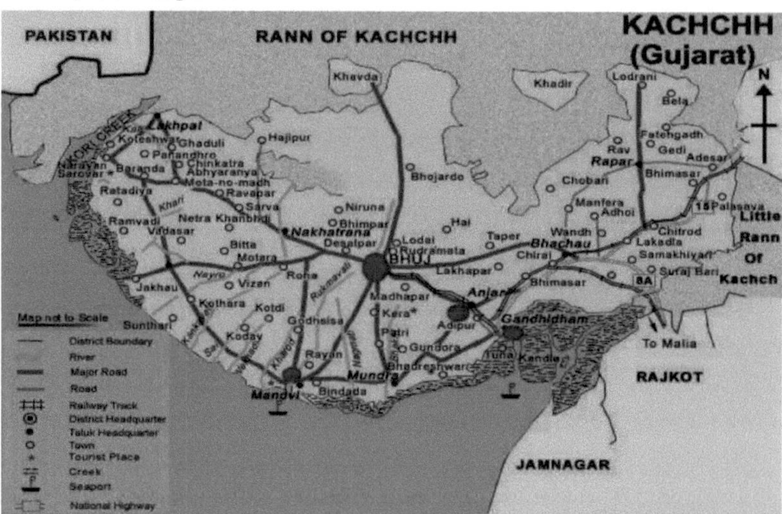

Figura 1.2: Mapa do distrito de Kachchh mostrando os transportes e as comunicações

Sendo a capital de Kachchh, Bhuj está bem ligada a todas as outras sedes de Talukas por auto-estradas estatais, enquanto quase todas as aldeias estão direta ou indiretamente ligadas por estradas metálicas às auto-estradas estatais (Fig. 1.2). Bhuj, Gandhidham e Mundra estão bem ligadas às principais cidades do Estado, ou seja, Ahmedabad e Rajkot, e a Mumbai, Nova Deli, Chennai, Calcutá e Bangalore por linhas de caminho de ferro de bitola larga. Bhuj tem acesso aéreo direto a Mumbai, a capital de negócios da Índia, com dois voos diários, enquanto Kandla, a capital de negócios de Kachchh, tem voos diários que ligam Mumbai e Ahmedabad. Kandla é um porto importante e uma zona de comércio livre na Índia. Mundra é outro grande porto que surgiu na última década e tem boas acessibilidades rodoviárias com outras partes da Índia, uma vez que a autoestrada nacional n.º 8A, recentemente construída, foi alargada a Naliya através de Mundra. Possui as maiores instalações de carga em contentores da Ásia e está a fomentar o melhor negócio de transporte de mercadorias da Índia.

1.6 Pessoas e profissão

A área de estudo tem muitos grupos étnicos com comunidades lohana, jainistas e muçulmanas. Entre a maior parte da população hindu, predominam os jainistas, os patels, os jadejas e os lhanas. A principal ocupação é a agricultura e a criação de gado. Kachchh também beneficia de muitos institutos importantes e de todo o tipo de serviços governamentais, como a Universidade de Kachchh, faculdades de Engenharia, Politécnica, Ciências, Comércio e Artes, centro meteorológico, observatório sismológico, Instituto Central de Investigação da Zona Árida (CAZRI), Instituto de Ecologia do Deserto de Gujarat (GUIDE), Rádio de Toda a Índia, Centro de Transmissão de Televisão, etc. Quase todas as divisões de defesa, nomeadamente o Exército, a Força Aérea, a Força de Segurança Fronteiriça (BSF), a Guarda Costeira e o Conselho de Segurança Social (SSB) têm as suas estações de base permanentes em Bhuj e áreas adjacentes.

Capítulo - 2

PESQUISA BIBLIOGRÁFICA

Para a elaboração da tese sobre a geomorfologia tectónica das bacias do Khari e do Rukhmawati, recorreu-se a várias fontes de pesquisa bibliográfica. Começámos por estudar o livro de Douglas W. Burbank sobre Geomorfologia Tectónica para ficarmos com uma ideia básica sobre o assunto.

Em seguida, passei a estudar os parâmetros morfométricos, tal como apresentados em Schumm, 1964, para ter uma ideia detalhada de como estes parâmetros morfométricos ajudam a identificar o tectonismo ativo de uma área. Depois disso, foi estudado o método de Stahl er de ordenação de cursos de água, bem como a importância do rácio de bifurcação, do perfil longitudinal e do índice de gradiente.

A maior parte das ideias para o trabalho surgiu do estudo de artigos de investigação sobre "Bedrock gorges in the central mainland Kachchh: Implications for landscape evolution" por M.G. Thakkar e et al (2006) e "Quaternary Tectonic History and Terrain Evolution of the area Around Bhuj, Mainland Kachchh, Western India" M.G. Thakkar (1999).

A ideia de trabalhar ao longo dos rios de Median-High surgiu da leitura de vários livros de S.K.Biswas, também conhecido como o pai da geologia de Kachchh. Median-High é a parte central de Kachchh que se crê estar a elevar-se e a deixar para trás caraterísticas geomórficas tectónicas.

"Lithostratigraphic development and neotectonic significance of the Quaternary sediments along the Kachchh Mainland Fault (KMF) zone, western India" por D M Maurya et al (2011) deu a ideia de como utilizar sedimentos quaternários e incisões fluviais para ajudar a compreender o comportamento do terreno aos movimentos tectónicos no período quaternário.

Capítulo - 3

VISÃO GERAL DE KUCHCHH

3.1 Divisões fisiográficas de Kachchh

A região de Kachchh é um excelente exemplo de uma paisagem controlada tectonicamente, cujas caraterísticas fisiográficas são a manifestação dos movimentos da terra ao longo dos lineamentos tectónicos da configuração da bacia pré-Mesozóica que foi produzida pelo padrão de falhas primordiais no subsolo pré-cambriano (Biswas, 1971; 1974). Tendo em conta os factores de altitude, declive e relevo acidentado, Kachchh pode ser dividida em quatro unidades fisiográficas principais de norte a sul, a saber: 1. o Rann, 2. a planície baixa de Banni, 3. a região montanhosa e 4. as planícies costeiras do sul (Fig. 3.1).

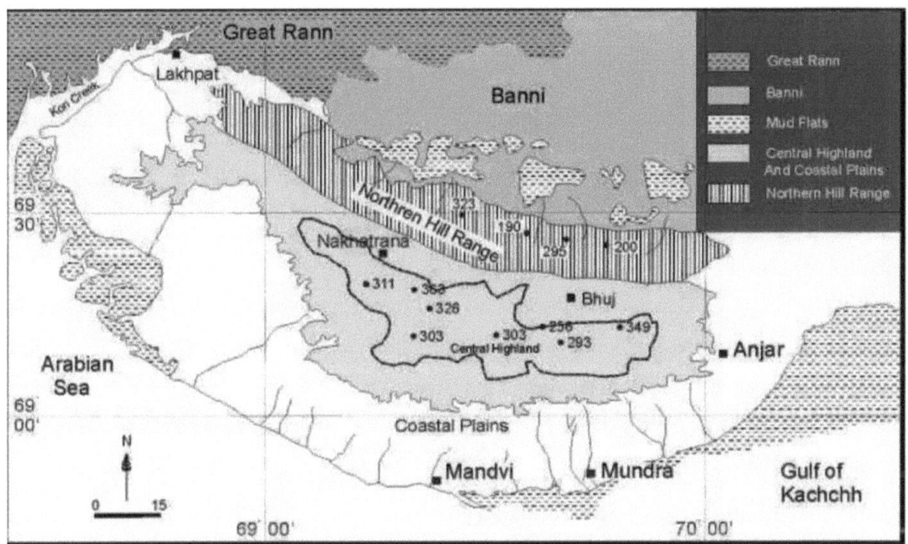

Figura 3.1 Mapa das principais divisões fisiográficas de Kachchh. (Segundo Biswas 1982).

O Rann

O Rann é a caraterística mais notável e única da região de Kachchh, ocupando as suas partes norte e leste, formando mais de metade da extensão aérea de Kachchh. Compreende uma área total de ~22 000 km2 e um terreno geomórfico plano que se eleva dificilmente até 3 a 4 m acima do nível do mar, e divide-se em duas partes, nomeadamente o Grande Rann, que ocupa a parte norte, e o Pequeno Rann, que forma a parte oriental de Kachchh. No Grande Rann existe uma cadeia de ilhas que inclui Pachham, Khadir, Bela e Chorar, que se elevam acima do deserto salino. A maior parte da área do Rann permanece seca, exceto na estação das chuvas, quando é coberta por água salgada. Durante o verão e o inverno, praticamente toda a região está coberta por uma incrustação de sal bastante dura.

Os Ranns são geomorfologicamente divisíveis em cinco unidades (Merh e Patel, 1988) (Fig.2.2) (a) Zona de Bet (BTZ), (b) Zona de Trincheira Linear (LTZ), (c) Grande Zona Estéril (GBZ), (d) Pequeno Rann de Kachchh (LRK).

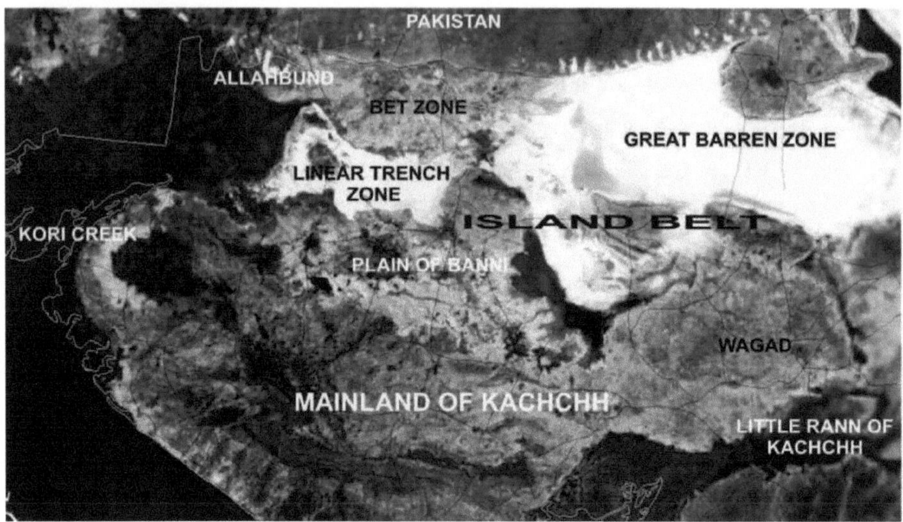

Figura 3.2: Mapa da geomorfologia do Rann de Kachchh (Merh e Patel, 1988).

A planície de Banni

A planície de Banni representa um embaiamento entre o continente de Kachchh, a sul, as elevações de Pachham, a norte, e as elevações de Wagad e Bela, a leste, e cobre uma vasta área (Fig. 3.1). Estas elevações são um pouco mais altas do que o Rann circundante e estão cobertas de erva verde e outros arbustos. Não se vê qualquer afloramento nestas planícies sem caraterísticas. Estas planícies recebem água do continente e das ilhas a norte e a leste, respetivamente, durante a estação das chuvas.

As regiões montanhosas

As regiões montanhosas são constituídas pelas três componentes seguintes:

1. Cinto da ilha

A cintura insular compreende quatro terras altas, Pachham, Khadir, Bela e Chorar, de oeste para leste. Estas terras altas são geralmente descritas como "ilhas", pois destacam-se no meio do Rann, que fica submerso durante a monção. Estas quatro ilhas encontram-se numa linha este-oeste a sul do Grande Rann. Os limites setentrionais de todas as ilhas são mais íngremes, enquanto o declive é muito baixo em direção ao sul.

2. Continente

A zona situada a sul da planície de Banni e que se estende até ao golfo de Kachchh, a sul, é designada por continente. O continente de Kachchh constitui um terreno rochoso com duas cadeias montanhosas subparalelas de tendência E - W, separadas por planícies rochosas intermédias - a cadeia montanhosa de Katrol e a cadeia montanhosa do Norte. As faces setentrionais da serra de Katrol e da serra do Norte são exemplos ideais de frentes montanhosas geradas por falhas. O continente inclui também uma planície costeira a sul.

3. Wagad

Uma grande região montanhosa a nordeste do continente e a sul das ilhas Khadir, Bela e Chorar é conhecida como Wagad Highland. Esta região, semelhante a uma mesa, tem uma inclinação muito baixa para sul ou sudoeste. A sul, é flanqueada pela Falha de Wagad Sul (SWF), que corre paralelamente a outras falhas basais importantes, como a KHF, a IBF, etc. Muitos diques básicos de direção E - W atravessam a elevação de Wagad. Geologicamente, Wagad contém rochas do Jurássico e do Cretáceo, enquanto a parte norte e sudeste é ladeada por rochas do Terciário. Os depósitos quaternários preenchem os principais vales fluviais, as planícies marginais, a bacia de Samakhiyali e o Rann. South Wagad é uma região especialmente crítica para o terramoto de 2001 em Bhuj, que ocorreu na extremidade ocidental da SWF.

As planícies costeiras do Sul

As planícies costeiras meridionais fazem fronteira com o continente, com vista para o Golfo de Kachchh, a sul, e para o Mar Arábico, a oeste. A linha costeira foi dividida em cinco segmentos com base em variações geomorfológicas (Kar, 1993).

1. A costa deltaica a oeste de Kori Creek
2. A costa progradada afogada irregular entre Kori Creek e Jakhau
3. A costa rectificada entre Jakhau e Bhada
4. O complexo de espigões e foreland cúspide entre Bhada-Mandvi e Mundra
5. A vasta costa de lodaçal a leste de Mundra até ao pequeno Rann

3.2 Geologia regional de Kachchh

Kachchh é um paleo rift Graben pericratónico localizado na margem continental ocidental da placa indiana (Biswas, 1987). A bacia de Kachchh preserva cerca de 2000 a 3000 m de sedimentos mesozóicos e 1000 m de sedimentos cenozóicos (Biswas, 1977, 1982). As rochas terciárias estão expostas ao longo da faixa costeira do sul e do oeste de Kachchh, fazendo fronteira com as rochas mesozóicas.

Estratigrafia Mesozóica

As rochas mesozóicas de Kachchh foram cartografadas pela primeira vez por Wynne (1872), que classificou a sequência em grupos do Jurássico superior e inferior. Waagen (1875) propôs as populares quatro subdivisões, nomeadamente as séries Pachham, Chari, Katrol e Umia. Rajnath (1942) restringiu o termo= Umia "apenas ao Umia inferior do Waggen; o Umia superior, constituído por leitos não marinhos com fósseis de plantas, foi designado por ele como Série Bhuj do Cretáceo Médio ou mesmo ligeiramente mais jovem. Biswas (1977) reconheceu três províncias litológicas principais dentro da bacia e as rochas de cada província foram classificadas separadamente e designadas as unidades de acordo com os seus estratótipos (Biswas, 1977). A sequência litoestratigráfica do continente está dividida em quatro formações designadas por formações Jhurio (Jhura), Jumara, Jhuran e Bhuj (Biswas, 1977, 1981). As principais caraterísticas litológicas destas formações, elaboradas principalmente por Biswas (1974; 1977; 1982; 1987), são brevemente descritas de seguida.

Formação Jhurio

Uma sequência espessa de calcário e xisto com bandas de= oólitos dourados' foi designada como formação Jhurio, em homenagem à secção tipo na colina Jhurio, no centro-norte do continente. A parte superior da formação é constituída por finos leitos de calcários de cor branca a creme (pelmicrite e biomicrite) com finas faixas de oólitos dourados (Balgopal, 1973). A parte intermédia é composta por leitos espessos de xistos cinzentos e amarelos, alternados com leitos espessos de calcários oolíticos dourados e a parte inferior é composta por leitos finos de calcário amarelo e cinzento. (Agarwal, 1957; Balgopal, 1973). Os aspectos físicos e biológicos da formação indicam um ambiente litoral a infra-litoral. A formação varia do Bathoniano ao Caloviano inferior.

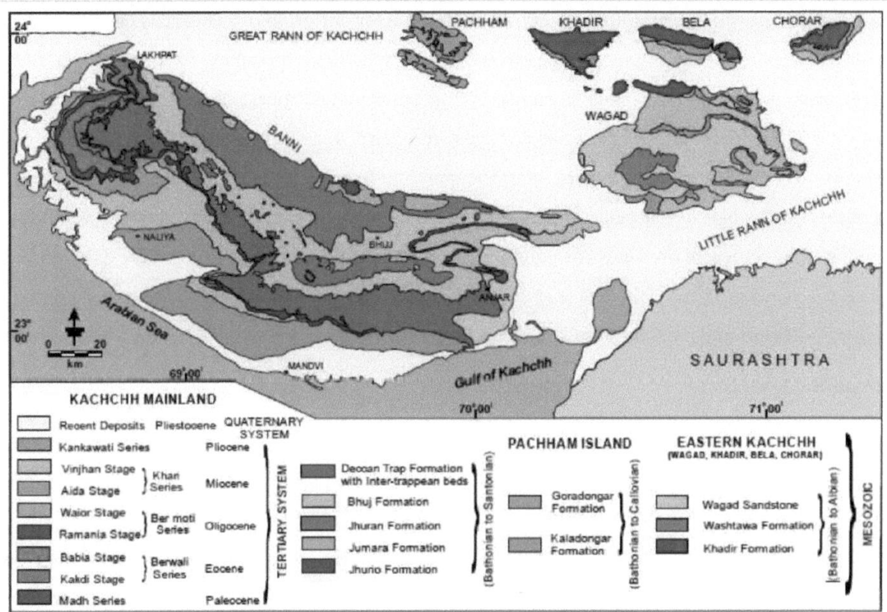

Figura 3.3: Mapa geológico de Kachchh (segundo Biswas e Deshpande, 1970)

Formação Jumara

Uma formação argilosa espessa, conformavelmente sobreposta à Formação Jhurio, recebeu o nome da sua secção-tipo na colina de Jumara, perto do Rann, a norte da aldeia de Jumara. A formação é caracterizada por xistos laminados gipsoides monótonos cinzento-azeitona com finas bandas ferruginosas vermelhas. A espessura de -300 m da formação é uniforme em toda a área. A desconformidade local é observada em locais onde os xistos de Jhuran são vistos a repousar sobre o membro erodido do oólito de Dhosa. A formação Jumara varia entre o Caloviano e o Oxfordiano.

Formação Jhuran

Compreende uma sequência espessa de leitos alternados de arenitos e xistos. A formação divide-se em quatro membros - inferior, médio (xisto Rudramata), superior e membro Katesar (Biswas, 1977). O membro inferior consiste numa alternância de arenito vermelho e amarelo e xisto. O membro médio é maioritariamente xisto, composto por xistos gipsoides laminados de cinzento escuro a preto. O membro superior é predominantemente arenoso e composto por arenitos maciços vermelhos e amarelos com intercalações de xisto, siltito e arenito calcário. A idade Kimmeridgiana a Valanginiana é fixada para esta formação.

Formação de Bhuj

Baptizada com o nome da sua localidade-tipo em torno de Bhuj, esta formação é caracterizada por uma enorme espessura de arenitos não marinhos de carácter uniforme. Estas rochas ocupam cerca de 3/4 da área total do afloramento mesozóico em Kachchh continental. O membro inferior é caracterizado pela repetição cíclica de bandas ferruginosas ou lateríticas, xistos e arenitos. O membro superior é constituído por arenitos de cor castanho-claro a castanho-claro, maciços, com leitos correntes, de grão grosseiro e bem classificados. A formação é delimitada por planícies de desconformidade. No sul, a armadilha Deccan assenta na superfície ondulada erodida desta formação. Os sedimentos representam depósitos deltaicos, com a parte distal da frente do grande delta cretácico a oeste e a parte proximal (fluvial) a leste, na direção da terra. O intervalo de tempo do Cretáceo Inferior (Valenginiano a Santoniano) é fixo para esta formação.

Armadilha de Deccan

As armadilhas de Deccan formam um afloramento mais ou menos linear que se estende por todo o continente, com uma largura máxima de cerca de 10 km a leste, perto da cidade de Anjar, e que se afunila gradualmente para oeste. As escoadas lávicas são predominantemente basaltos tholeiitic que ocupam as vertentes sul e sudoeste do planalto central. As escoadas do tipo trappean apresentam uma ligeira inclinação para sul e crê-se que sejam do tipo pa hoe hoe (Biswas e Deshpande, 1973). Foram registados seis grandes fluxos na extremidade oriental (colinas de Dhola, perto de Anjar), que apresentam alternâncias de basaltos colunares e amigdaloidais, ocasionalmente separados por leitos inter-trappeanos. Associadas às escoadas lávicas, existem vários diques longos e estreitos que ocorrem a N, NW e NE das escoadas lávicas. A maioria dos diques ocorre ao longo de falhas transversais que se estendem N-S, NNE-SSW e NNW-SSE. Um aspeto interessante do vulcanismo do Decão em Kachchh é a ocorrência de basalto alcalino e seus derivados como tampões, lacólitos e soleiras nas estruturas de cúpula das rochas mesozóicas. Os inter-trappeanos foram depositados em bacias e depressões pouco profundas sobre superfícies trappeanas, alimentadas por riachos formados em simultâneo. A idade do Cretáceo superior (Maastrichian) é inferida para estes inter-trappeanos. As lateritas formam uma estreita e alongada faixa paleocénica, com algumas centenas de metros de largura e várias centenas de quilómetros de comprimento, encravada entre os basaltos da armadilha de Deccan e os Terciários, formando um terreno caracterizado por cristas alongadas com 10 a 15 m de altura, separadas por amplos vales intermitentes.

Estratigrafia Terciária

Wynne e Fedden (1872) estudaram estas rochas pela primeira vez. Biswas (1974) propôs uma estratigrafia revista e estabeleceu que os sedimentos terciários em Kachchh foram depositados na superfície erodida da armadilha de Deccan e dos sedimentos mesozóicos, tendo a deposição começado com uma transgressão marinha durante o Eoceno Inferior e terminado no Plioceno (Fig. 3.1). Durante o Paleogénico, a deposição restringiu-se à parte ocidental do Continente de Kachchh, estando as partes mais espessas expostas na planície costeira do sudoeste, que era a parte mais profunda da bacia. Segue-se um breve resumo das formações do Terciário, tal como descrito por Biswas (1974).

Série Madh

A zona-tipo das rochas desta série é a conhecida aldeia de Mata-no-Madh, no oeste de Kachchh. Consiste em sedimentos vulcanoclásticos depositados em ambientes variáveis, desde fluviais a litorais. (Biswas, 1974).

Série Berwali

A série é divisível em duas fases: a inferior, constituída por argilas e margas giposas e ocres, contendo diversas variedades de moluscos e foraminíferos, é visível na secção de Kakdi Nadi (fase de Kakdi); a fase superior está bem exposta na colina de Babia, na parte ocidental de Kachchh, e compreende um calcário fossilífero fragmentado com um leito basal de argila calcária (fase de Babia).

Série Bermoti

Esta série forma uma faixa contínua bem exposta a sul de Lakhpat, no noroeste de Kachchh. É divisível em duas fases; a fase inferior de Ramania consiste em marga cinzenta-esverdeada e calcário argiloso com um leito de marga argilosa no limite basal, depositado num ambiente epinerítico de um mar lentamente regressivo. (Biswas, 1974).

Série Khari

Esta série sobrepõe-se à série Bermoti e está bem exposta nas margens escarpadas do rio Khari, no sudoeste de Kachchh. A série Khari é constituída por duas fases distintas que se podem distinguir. A fase inferior de Aida é composta por siltitos variegados, sendo os 16 m inferiores estéreis, mas a parte superior contém um conjunto de fósseis do Baixo Burdigaliano. A parte superior da série, a fase Vinjhan, é constituída por argila gipsófila de cor cinzenta a khaki, com bandas de marga dura repletas de fósseis. Esta fase constitui a maior parte do Miocénico Inferior de Kachchh. As argilas desta fase contêm um rico conjunto de fósseis do Burdingaliano Superior. Como a série Khari se sobrepõe diretamente à armadilha de Deccan, sugere que esta transgressão marinha foi a mais poderosa na história da sedimentação terciária em Kachchh.

Série Kankawati

Bem exposta em torno do rio Kankawati, entre Sandhan e Vinjhan, esta série é constituída por arenito micáceo e calcário cinzento, bandas lenticulares de conglomerado e argila cinzenta Khakhi. A parte superior é constituída principalmente por grão calcário duro rosado e conglomerado com abundantes foraminíferos. Esta série foi provisoriamente atribuída a uma idade pliocénica e foi correlacionada com a série Manchhar de Sindh-Baluchistan.

3.3 Estruturas regionais de Kachchh

Sistema de falha grave

As falhas mestras de direção E-W são as falhas primárias, que controlam a estrutura e a morfologia da bacia. As próprias elevações são extensivamente afectadas por falhas secundárias de diferentes gerações, tanto normais como de deslizamento e algumas falhas inversas. Algumas das falhas de direção NE-SW são extensas falhas de chave e deslocam as falhas primárias.

Falha do Continente de Kachchh (KMF)

A KMF é a maior e mais longa falha da região e a principal zona de fraqueza. Estende-se por 200 km ao longo da extremidade norte da elevação do continente de Kachchh (KMU). A falha tem uma expressão geomorfológica proeminente. As altas colinas da cordilheira setentrional parecem erguer-se abruptamente da planície de Banni, que é o lado de baixo.

Falha de South Wagad (SWF)

A parte meridional da elevação de Wagad está muito afetada por falhas e parece ter sido estilhaçada e dividida em várias cunhas de blocos delimitadas por falhas. Estas falhas foram coletivamente designadas por Sistema de Falhas de Wagad Sul. A extremidade sul da elevação de Wagad está inclinada para cima ao longo deste sistema de falhas. O sistema de falhas é constituído pelas falhas de Adhoi, Kanthkot, Khanpur, Kharol, Dedarwa, Vekra e Kanmer.

Embora muitas falhas sejam descritas por nomes locais de acordo com as dobras associadas, são, de um modo geral, partes de duas falhas periféricas semi-concêntricas com um traçado sinuoso. As falhas de Adhoi e Khanpur, a parte oriental da falha de Dedarwa e as falhas de Kanmer são as falhas marginais que definem o limite sul da elevação oval que a separa da planície de Lakadiya. As falhas de Kanthkot, Kharol, Dedarwa, Jadawas e Vekra constituem uma linha interna de falhas periféricas. Estas duas linhas interiores e exteriores de falhas convergem e divergem a sul de Washtawa. Na parte oriental, são atravessadas e deslocadas pela falha de Kidiyanagar. Daqui resultaram duas importantes cunhas de falha (lado sul para cima):

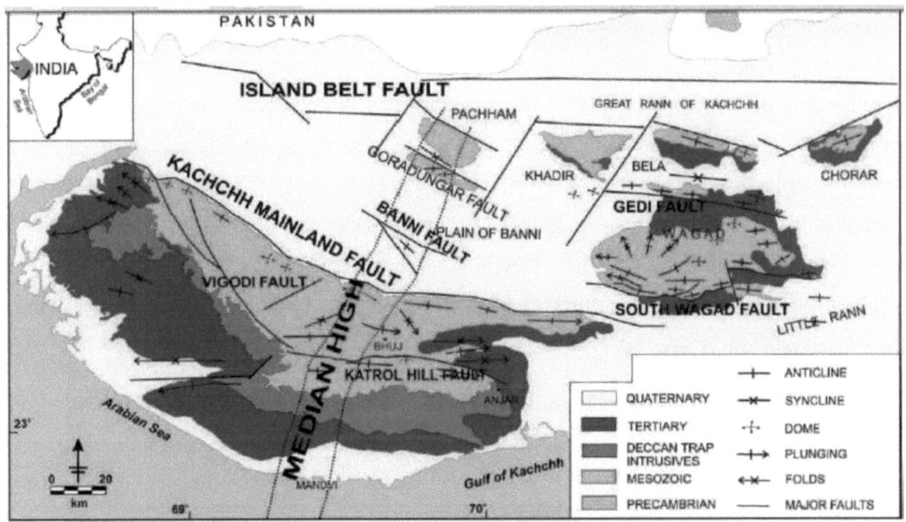

Figura 3.4: Mapa tectónico de Kachchh (segundo Biswas e Khatri, 2002)

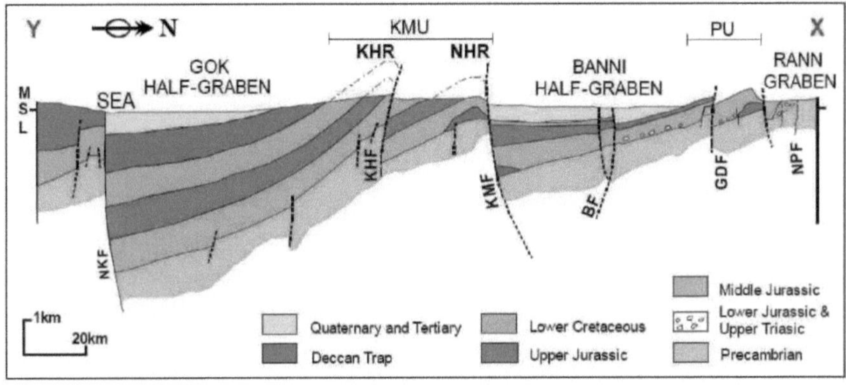

Figura 3.5: Secção transversal N-S de Kachchh mostrando a localização das falhas

a) Cunha de Adhoi, que inclui os Domos de Mae e Wamka e o anticlíneo Halare-Adhoi e

b) Cunha de Chidrod, na qual se situam o anticlinal de Shivalakha e a cúpula de Chidrod. A leste da falha transversal de Kidiyanagar, as duas zonas de falhas são representadas pela falha de Vekra e pela falha marginal de Kanmer, ambas com direção este-oeste e com uma cadeia de dobras associada no lado ascendente.

Falha do cinturão da ilha (IBF)

A IBF não está bem exposta ao longo da cadeia insular de elevações, estando escondida sob os sedimentos de Rann. A falha é indicada por leitos de mergulho acentuado dos membros anteriores das dobras de drapejamento e pelas imponentes escarpas viradas para norte. No sopé da escarpa norte de Pachham (colinas de Kaladongar), os leitos de arenito duro que mergulham 600-800 para norte nos sedimentos de Rann indicam a falha. Os mergulhos elevados e erráticos ao longo da margem das elevações que confinam com Rann indicam falhas. A falha parece ter sido deslocada por falhas laterais esquerdas de deslizamento NE-SW, que separaram a Elevação da Cintura das Ilhas (IBU) em quatro blocos discretos [Elevação de Pachham (PU), Elevação de Khadir (KU), Elevação de Bela (BU) e Elevação de Chorar (CU)]. Estes blocos foram rodados no sentido contrário ao dos ponteiros do relógio e deslocados progressivamente para oeste, conforme indicado pela sua orientação axial.

Falha de Katrol Hill (KHF)

KHF e GDF são falhas pós-deposicionais de geração posterior dentro das elevações, KMU e PU, respetivamente. A KHF é paralela à KMF. A oeste, divide-se em duas falhas, uma continua para oeste com o mesmo traço e a outra atinge NW como a falha de Vigodi e os seus desdobramentos - falhas de Vigodi - Gugriana - Khirasra - Netra (VGKF). As últimas falhas encontram-se com a KMF perto de Lakhpat. A falha KHF, que se dirige para oeste, é deslocada e deslocada para sul pela falha NE-SW de Jarjok. Continua para oeste, afectando as rochas do Terciário. A metade ocidental da KHF mergulha 600 - 850 localmente 450 para sul. A metade oriental, a leste de Ler, mergulha 700-900 para norte. Assim, a falha tem uma atitude inversa na parte ocidental com dobragem associada de leitos e uma atitude normal com dobras de drapejamento na parte oriental.

Falha de Goradongar (GDF)

A GDF faz emergir a parte sul da PU (Goradongar Hills). Trata-se de uma falha sub-vertical com mudanças de inclinação, como observado noutros casos. O sistema de falhas conjugadas e as dobras associadas são típicos de uma falha de deslizamento de impacto. As flexões marginais e as dobras oblíquas relacionadas com as falhas subsidiárias apresentam um padrão complicado de falhas e dobras da elevação de Goradongar. A falha de Gedi (GF) entre Bela horst e Rapar half-graben está no mesmo alinhamento que a GDF através da baixa de Banni coberta por sedimentos recentes. Vê-se que a GF se estende até à elevação de Gangta. A cadeia E-W dos anticlinais de Karabir, Gorabir e Gangta, com falhas, no mesmo alinhamento das elevações discretas, sugere a extensão da GF para oeste. Evidentemente, parece que a GDF e a GF são partes da mesma falha. Em conjunto, representam uma grande falha de deslizamento paralela às outras falhas mestras.

Mediana Alta

A caraterística mais marcante da bacia de Kachchh é a ocorrência de um alto meridonial no meio da bacia. Por conseguinte, esta elevação foi designada por "Median High" ou "Ridge". Esta elevação influenciou a espessura de sedimentação do sedimento. Este alto passa transversalmente através do elemento positivo e negativo. As estruturas ao longo deste alto expõem os sedimentos mais antigos. Estão situadas no nível estrutural mais elevado e mostram a maior amplitude da elevação. Os altos geomórficos situam-se nesta zona. O Banni central é uma elevação geomórfica que separa esta depressão em duas bacias subsidiárias, as bacias do Banni ocidental e oriental. A alta mediana tende a NNE-SSW de Pachham até ao Golfo de Kachchh através do continente. O nariz da isogal no mapa de gravidade na costa centro-sul do continente e a ocorrência de cardumes e bancos de areia no golfo de Kachchh, numa região indicada como alta pelos contornos batimétricos, mostram a extensão para sul da alta mediana. A sua extensão para norte, para além da ilha de Pachham, até ao Grande Rann, é também indicada como uma crista proeminente no mapa magnético gravitacional. A oeste do Planalto Mediano, a bacia é mergulhante, como indicado pela espessura dos sedimentos e suas fácies. A leste do Alto, o subsolo é pouco profundo e mais ou menos nivelado. É na parte oriental mais elevada da bacia, onde se situa a maior parte das elevações, que se observa uma outra elevação meridonial, paralela à elevação mediana, mas menos proeminente, que atravessa o Wagad. Desalpar e Bela. No entanto, o efeito desta elevação não é muito claro e pode ser uma ocorrência coincidente devido a elevações oblongas paralelas estreitamente espaçadas.

Capítulo - 4

GEOLOGIA, GEOMORFOLOGIA E ESTRUTURAS DE A ZONA DE ESTUDO

4.1 Introdução

A área de estudo inclui a parte central do continente de Kachchh (Fig. 4.1). Uma vez que esta faixa linear de norte a sul contém unidades geomorfológicas e estratigráficas variadas, estas são descritas separadamente nos parágrafos seguintes. O segmento médio da cadeia montanhosa de Katrol do continente central de Kachchh insere-se na zona média alta. Os elementos estruturais principais e secundários das duas elevações da área de estudo são aqui descritos com algumas unidades geomórficas principais e as suas tendências (Quadro 4.1)

Área geográfica	Estrutura	Descrição
Elevação do continente de Kachchh *(para a atual área de estudo)*	Falhas de delimitação da bacia	A Falha do Continente de Kachchh (KMF), de tendência ESE-NWW a E-W, atravessa a área de estudo (especialmente a partir do limite geomórfico norte dos domos estruturais de Jhura e Habo)
	Falhas secundárias e ternárias	Falha da colina Katrol (E-W) e falhas menores paralelas a subparalelas associadas.
	Falhas transversais	Numerosas falhas transversais que atravessam a tendência geral de E- W. Estas tendem principalmente para N-S, NW-SE, NE-SW e NNW- SSE, mostrando as tendências tectónicas mais recentes. Indicam também uma elevada ativação mediana no Quaternário.
	Anticlíneo	Jhurio, Habo (SSW-NNE) são os principais anticlinais de Brachy Nariz anticlinal de Bhuj (ESE-WNW)

Quadro 4.1 Unidades principais e respectivas tendências

4.2 Geomorfologia da área de estudo

O continente

A zona situada a sul da planície de Banni e que se estende até ao golfo de Kachchh, a sul, é designada por continente. O continente de Kachchh é constituído por um terreno rochoso com duas cadeias de colinas subparalelas de tendência E-W, separadas por uma planície rochosa intermédia: a cadeia de colinas de Katrol e a cadeia de colinas do Norte. As faces setentrionais da serra de Katrol e da serra do Norte são exemplos ideais de frentes montanhosas geradas por falhas. O continente também inclui uma planície costeira no sul.

1. Serra do Katrol

A cadeia montanhosa de Katrol, com tendência E-W no continente, tem uma inclinação suave para sul, com escarpas de falha íngremes no lado norte. A cadeia de montanhas Katrol apresenta caraterísticas topográficas variadas, típicas de áreas que sofreram tectónica ativa. As faces setentrionais destas cordilheiras são íngremes e delimitadas pela falha de Katrol Hill, enquanto que a sul apresentam declives muito suaves. A linha de maior altitude da cordilheira forma o principal divisor de águas, de onde provêm os cursos de água que correm para norte e os que correm para sul.

2. Cordilheira do Norte

A cordilheira setentrional faz fronteira com a planície de Banni e o Grande Rann de Kachchh, a norte, e com as zonas altas de montanha, a sul. Esta cordilheira é constituída por uma cadeia de cúpulas de rochas do Jurássico e do Cretáceo. As principais colinas de cúpula são as manifestações das meias-anticlinais, anticlinais e outras caraterísticas estruturais. Jura, Jumara, Nara, Keera, Lyari, Chari, Dhar Dungar, Habo, Kas, etc. são as principais colinas dominadas por cúpulas e estruturalmente cobertas. A falha do continente de Kachchh, que marca a fronteira norte do continente, controlou significativamente a fisiografia desta parte do terreno. Devido a esta falha, as encostas a norte são mais íngremes, enquanto as encostas a sul, que coincidem com o mergulho dos estratos, são mais suaves. As colinas basálticas apresentam declives moderadamente acentuados no lado norte.

4.3 Estrutura da área de estudo

Falha de Katrol Hill

Estruturalmente, a formação dos domos influenciou significativamente a geomorfologia destas cadeias de montanhas. À semelhança da cordilheira setentrional, a cordilheira de Katrol também apresenta cúpulas ou meios anticlinais e está associada à falha de Katrol Hill. Trata-se dos domos de Ler, Gangeswar, Shiv Paras, Khatrod e Chadwa. Os membros setentrionais dos domos que ocorrem a sul são truncados pela falha do monte Katrol. Os membros meridionais dos domos têm uma inclinação suave, de 5 a 10° para sul, enquanto o membro setentrional tem uma inclinação acentuada para norte ou é vertical. Em certos locais, os membros setentrionais estão virados com uma inclinação acentuada para sul. Alguns destes domos contêm rochas básicas nas suas porções centrais, vários diques N-S e plugs com soleiras ocasionais.

Falha do continente de Kachchh

Esta é a maior falha em Kachchh e a principal zona de fraqueza desta região. Pensa-se que o terramoto de 1989 e o de 1956 resultaram do movimento ao longo desta falha. Isto indica que esta zona de falha ainda está ativa. As falhas definem o limite norte da elevação do continente ao longo de todo o seu comprimento de 120 milhas. Está associada a ela e o seu efeito já foi discutido. A falha é exposta localmente onde a flexão foi rompida.

A falha tem uma expressão geomorfológica proeminente. É responsável pela elevação da cordilheira setentrional contra a dor de Banni, que é a vertente de queda. Esta é também a linha, a norte da qual não se vê qualquer afloramento e, consequentemente, a natureza do bloco abatido não pôde ser estudada.

Falhas transversais

Os limites leste e oeste dos domos são marcados por falhas transversais N-S. As fracturas N-S e NW-SE são ocupadas por diques ígneos básicos. Algumas das falhas transversais atravessam significativamente a Falha do Continente de Kachchh e a Falha do Monte Katrol (KHF). As escarpas da KHF e da Falha do Continente apresentam uma grande semelhança com as frentes montanhosas geradas por falhas (Mayer, 1986). A escarpa íngreme que marca a KHF é uma caraterística geomórfica proeminente da área. Ao longo de toda a base da escarpa da falha, encontram-se vários leques coluviais dissecados (Thakkar et al. 1999). As falhas de tendência NNE-SSW, NE-SW, NW-SE e NNW-SSE exibem uma morfologia de escarpa de falha mais jovem. Isto é evidente pelos poucos ou nenhuns depósitos coluviais ao longo destas escarpas e pela ausência de ravinas ou esporões salientes.

Além disso, estas falhas são contínuas e nunca foram cortadas por outras falhas, ao contrário da KHF, que é divisível em vários segmentos por falhas transversais que a atravessam. Estas falhas transversais que correm NNW-SSE, NW-SE, NE-SW e NNE-SSW deslocam a falha de Katrol Hill em alguns sítios. As grandes falhas transversais são as caraterísticas mais marcantes da área. Os planos de falha são verticais ou com uma inclinação acentuada. Em geral, os planos de falha mergulham na direção dos domos. O sentido do movimento é sempre predominantemente lateral, tanto deslizamentos sinistrais como dextral são notados (Hardas, 1968). O movimento lateral ao longo destas falhas é muito visível no terreno. Os efeitos destas falhas são observados sob a forma de deslocação horizontal das rochas e das falhas de tendência E-W, incluindo a Falha de Katrol Hill e a Falha do Continente de Kachchh. As fracturas N-S e NW-SE são ocupadas por diques ígneos básicos. O número de falhas transversais é maior a sul da falha de Katrol Hill do que a norte.

4.4 Geologia da zona de estudo

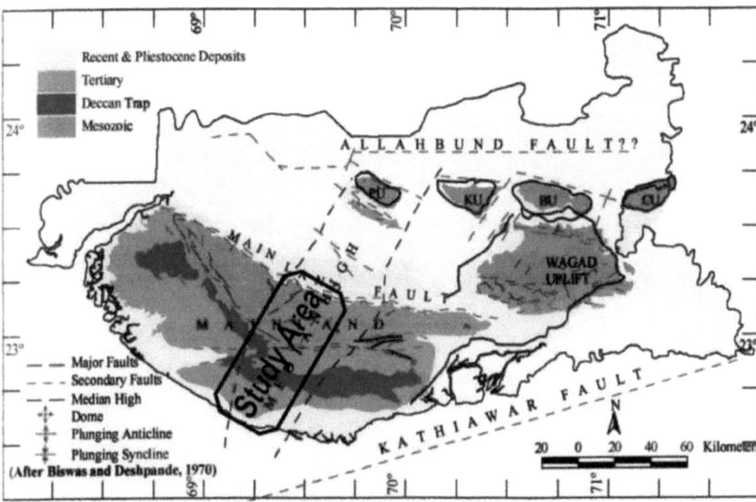

Figura 4.2 Mapa da bacia de Kachchh mostrando a área de estudo, as principais falhas e as divisões fisiográficas de pormenor

TIME SCALE	ROCK UNIT	LITHOLOGY	ENVIRONMENT
Cretaceous (Neocomian to Santonian)	BHUJ FORMATION 400-900m (+) Thickning to the west	Upper part: Coarse grained felspathic sandstone, pale brown to dirty white, friable , current bedded. Lower part: Brown and reddish felspathic sandstone with rhythmic alternation of gray kaolinitic shale, sandy shale and thin hard ironstone bands. Shale occasionally carbonaceous, and contain plant fossils. In western kachchh tongues of marine rocks occur (Ukra beds) Disconformity	Fluvial to Deltaic
Argovian to Neocomian	JHURAN FORMATION 375-850m (Thickening to the west)	Katesar member: Greenish sandstone with occasional Trigonia bands (exposed only in Ghuneri Mundhan area, W. Kachchh) Upper Member: Mainly pink and yellow sandstone with minor shale. Middle Member:(Rudramata shales) Gray shale with thin sandstone bands. Lower Member: shale and sandstone with thick calcareous sandstone bands.	Infralittoral
Callovian to Oxfordian	JUMARA FORMATION 300m	Mainly Khaki and grey gypseous shale with thin marl bands. Highly fossiliferous formation. Upper part characterized by shale with thin fossiliferous oolitic marl bands (Dhosa oolites bands)	Sub-Littoral
Upper Bathonian to Callovian	JHURIO FORMATION 325m (+)	Upper part: Bedded white limestone mainly pelmicrite and pelsparite. Golden oolitic bands occur in lower half Middle part: Golden oolitic limestone and shale. Lower part: Thinly bedded limestone, shale and golden oolitic limestone.	Sub-Littoral

Tabela 4.3: Classificação litoestratigráfica do Continente.

SYSTEM	FORMATION	AGE	SUB-DIVISION	LEADING FOSSILS
C R E		Post-Aptian	Bhuj beds (Umia Plant beds) Sandstones and shales	Palmoxylon in upper beds Ptylophyllum flora in lower beds
T A C E		Aptian	Ukra beds - Marine calcareous shales	Australiceras, Colombiceras, Cheloniceras, Tropaeum, etc.
O U	UMIA (1000M)	U.Neocomian	Umia beds:- Barren Sandstone and shales	Unfossiliferous
S		Valanginian	Trigonia beds, Barren sandstones	Trigonia Unfossiliferous
J		U. Tithonian	Umia ammonite bed	Virgatosphinctes, Ptychophylloceras, Micracanthoceras, Hemilytoceras, Umiaites, etc.
		M. Tithonian	Up. Katrol shales	Hildoglochiceras, Dorsoplanites, Haploceras
U			Gajensar beds	Belemnopsis, Streblites, Phylloceras, Hildoglochiceras
R	KATROL (300m)	L. Tithonian	Up. Katrol sandstone (Barren)	Aulacosphinctoides, Virgatosphinctes
A		M. Kimmeridgian	Mid. Katrol (red sandstone)	Waagenia, Katroliceras, Patchysphinctes, Aspidoceras
S SIC			Lr. Katrol (sandstones, shales, marls)	Torquatisphinctes, Aspidoceras, Ptycophylloceras, Waagenia, Hybonoticeras, etc.
		Up. Oxfordian	Kanthkot sandstone	Epimayaites, Prograyceras, Ataxiceras, Trigonia Biplices, etc.
		Up. To Lr. Oxfordian	Dhosa oolites (green and brown oolites)	Taramelliceras, Discosphinctes, Perisphinctes, Mayaites, Epimayaites
		Up. Callovian	Athleta beds (marls and gypseous shales)	Peltoceras, Orionoides.
	CHARI (360M)	Mid. Callovian	Anceps beds (llimestones and shales)	Perisphinctes, Indosphinctes, Reineickia, Kinkeliniceras, Hubertoceras.
			Rehmani beds (yellow limestons)	Reineickia, Sivajiceras, Idiocycloceras, Kellawaysites
			Macrocephalus beds (shales with calcareous bands, with golden oolite-diadematus zone in the upper part)	Macrocephalites, Dolichocephalites, indocephalites, , Belemnites, etc.
	PACHCHAM (300M)	L. Callovian	Pachcham coral bed	Macrocephalites, Sivajiceras, Procerites, Stylina, Montlivaltia
			Pachcham shell limestone	Macrocephalites, Trigonia, Corbula.
			Pachcham basal beds (Kuar Bet Bets).	Corbula, Bomiodon, Trigonia, etc.

Tabela 4.3: Classificação cronoestratigáfica do Continente

Capítulo - 5

MORFOMETRIA DA BACIA DE DRENAGEM DA ZONA DE ESTUDO

5.1 Noções básicas de morfometria de bacias de drenagem

A morfometria é a análise quantitativa das propriedades geométricas das formas de relevo. Os parâmetros morfométricos são a hierarquia da rede de drenagem. Os índices geomórficos são ferramentas para analisar as formas de relevo e avaliar o grau de atividade tectónica numa determinada área (Keller, 1986). Todos os índices geomórficos são influenciados pelas propriedades físicas e mecânicas do leito rochoso. A delimitação da rede foi efectuada com recurso a mapas topográficos 1:50.000. A ordenação dos cursos de água foi efectuada segundo o método de Strahler. Um dos primeiros métodos desenvolvidos e, sem dúvida, o método mais utilizado atualmente, foi desenvolvido por Strahler em 1952. A ordenação dos cursos de água segundo Strahler é um método para avaliar a dimensão e a complexidade dos rios com base no número e na relação hierárquica dos afluentes (Strahler 1957). Ao determinar a ordem de Strahler, são incluídos os cursos de água perenes e intermitentes. O ribeiro da cabeceira (um ribeiro sem afluentes) é considerado um ribeiro de ordem 1st . Quando dois cursos de água de ordem 1st se juntam, forma-se um curso de água de ordem 2nd . Quando dois cursos de água de ordem 2nd se juntam, forma-se um curso de água de ordem 3rd , e assim por diante. A ordenação continua a jusante numa rede de drenagem. Os cursos de água mais pequenos ou de ordem inferior que entram na rede não alteram a ordem Strahler dos cursos de água maiores ou de ordem superior. Por exemplo, um curso de água de ordem 3rd que entra num curso de água de ordem 4th não altera a ordem Strahler do curso de água de ordem 4th . No presente estudo, utilizam-se toposheets à escala 1:50000 do GSI para determinar a ordem de drenagem.

Na área de estudo, o autor analisou 2 bacias de drenagem para o presente estudo morfométrico. Estas bacias têm seis cursos de água. Algumas variáveis morfométricas comuns utilizadas para o presente estudo são as seguintes

- **Comprimento total do canal, (L):** O comprimento total do canal de cada ordem de curso de água é uma variável útil no cálculo de outras variáveis para a análise morfométrica. Trata-se de um parâmetro unidimensional.

- **Comprimento da bacia, (Lb):** É a dimensão mais longa da bacia paralela à linha de drenagem principal.

- **Relevo da bacia, (Hb):** É a diferença entre a maior e a menor altitude da bacia. É também um parâmetro unidimensional.

- **Número de fluxos, (N):** O número de fluxos de primeira a 4th ordem é um parâmetro útil para derivar outras variáveis, como o rácio de bifurcação.

- **Perímetro, (P):** É o comprimento total do limite da bacia, ou seja, a distância linear ao longo da área de divisão de drenagem na bacia estudada.

- **Área total da bacia, (A):** É quase o equivalente planimétrico da área real, uma vez que a diferença é insignificante, exceto na bacia muito íngreme e pequena.

- **Rácio de relevo, (R=Hb/Lb):** É o rácio entre o relevo da bacia e a maior dimensão da bacia paralela à linha de drenagem principal, ou seja, o comprimento da bacia (Schumn, 1956).

- **Densidade de drenagem, (Cd=Ct/A):** É o rácio dos comprimentos totais dos segmentos de canal calculados para todas as ordens dentro de uma área de bacia, projectados no plano horizontal.

- **Frequência dos cursos de água, (F= (N1+N2-1)/A):** É o número de cursos de água por unidade de área.

- **Rácio de alongamento, (Se= A 0,5/L):** É a relação entre o diâmetro de um círculo com a mesma área da bacia e o comprimento máximo da bacia medido para a relação de relevo para indicar a forma da bacia (Schumn, 1956).

- **Número de robustez, (RN):** Este é um número adimensional e é o produto do relevo e da densidade de drenagem.

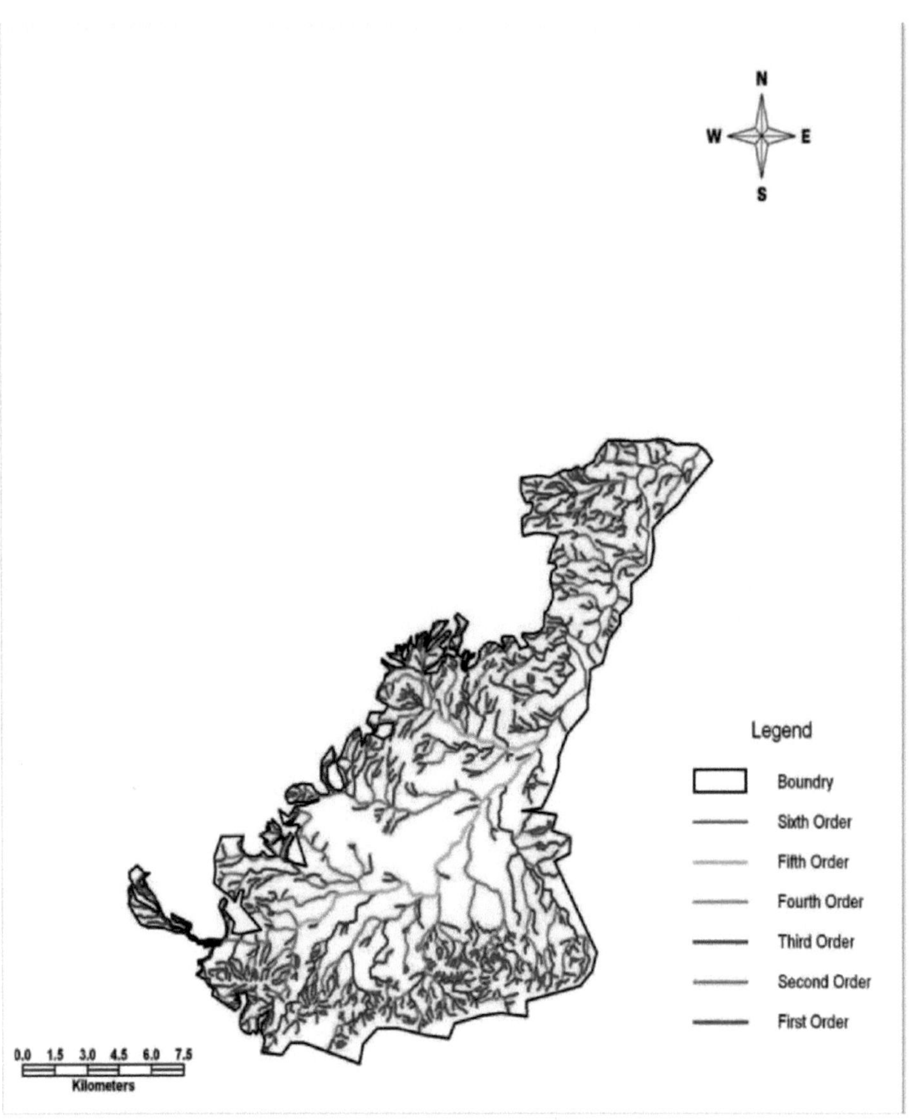

Figura 5.1: O mapa de drenagem da bacia do rio Khari mostra pelo menos seis ordens de cursos de água.

Figura 5.2: Mapa de drenagem da bacia hidrográfica do rio Rukhmavati com pelo menos três seis cursos de água

As variáveis morfométricas de pormenor utilizadas em ambas as bacias hidrográficas, ou seja, Khari e Rukhmawati

As bacias são apresentadas no quadro seguinte

N.º Sr.	Parâmetro	Bacia hidrográfica do rio Khari	Bacia hidrográfica do rio Rukhmawati
1	Perímetro (m)	1,77,289.1	2,84,009.5

2	Área (m)^2	2,33,202,961.4	4,29,702,091.6
3	Comprimento dos cursos de água (m)	66,1731.7	12,02,657.9
4	Comprimento da bacia (m)	45,011.1	62,674
5	Relevo da bacia (m)	200	200
6	Densidade de drenagem	0.00284	0.00279
7	Rácio de alívio	0.0044	0.0032
8	Frequência do fluxo	$3.692*10^{-6}$	$3.060*10^{-6}$
9	Número de robustez	0.00054	0.00056
10	Número de alongamento	0.383	0.374
11	Sinuosidade do rio	1.41	1.39

Quadro 5.1: Variáveis morfométricas dos rios Khari e Rukhmawati

5.2 Estudos morfométricos da bacia

Rácio de bifurcação (R_b) (Fórmulas:-N/N+1)

O rácio de bifurcação é a medida do grau de ramificação na rede hidrográfica (Horton, 1945; Strahler, 1952). O rácio de bifurcação é dado por $R_b = N_u/N_{u+1}$, em que N_u é o número de segmentos fluviais de uma determinada ordem; N_{u+} 1 é o número de segmentos fluviais da ordem imediatamente superior. Os rácios de bifurcação variam carateristicamente entre 3.0 e 5.0 para bacias em que as estruturas geológicas não distorcem o padrão de drenagem (Strahler, 1964).

A taxa média de bifurcação das bacias dos rios Khari e Rukhmawati situa-se entre 3-5 (3,174 e 3,272, respetivamente). Por conseguinte, estas bacias são atribuídas às caraterísticas de perturbações estruturais (bacias estruturalmente controladas) que, por sua vez, distorceram o padrão de drenagem (Strahler, 1964). Assim, a maioria das drenagens em ambas as bacias hidrográficas são estruturalmente controladas, indicando que ambas as ilhas estão activas.

N.º Sr.	Ordem de fluxo	N.º de cursos de água (N)	Rácio de bifurcação
1	1	640	3.902
2	2	164	3.644
3	3	45	4.5
4	4	10	5
5	5	2	2
6	6	1	
	Média		**3.174**

Quadro 5.2: Rácio de bifurcação (bacia hidrográfica do Khari)

N.º Sr.	Ordem de fluxo	N.º de cursos de água (N)	Rácio de bifurcação

1	1	992	4.042
2	2	245	4.224
3	3	58	3.867
4	4	15	3.75
5	5	4	4
6	6	1	
	Média		**3.272**

Quadro 5.3 : Rácio de bifurcação (bacia do rio Rukhmawati)

Perfil longo e índice de gradiente

Um rio utiliza energia para realizar o seu "trabalho" de erosão, transporte e deposição de sedimentos e para mover a água e a carga sedimentar no seu canal. Esta energia é produzida quando a água desce um declive, pelo que a altura de um rio acima do nível do mar determina a quantidade de energia no sistema ativo. O nível mais baixo de um rio é chamado de nível de base e, para a maioria dos rios, é o nível do mar. O perfil longo de um rio é um gráfico traçado ao longo do curso de um rio desde a nascente até à foz. O estudo do perfil longo de um rio mostra que ele tem uma forma côncava, com uma parte superior mais íngreme e uma parte inferior mais suave. Os processos fluviais estão relacionados com o perfil longo porque todos os rios estão a tentar alcançar um perfil longo suave e côncavo. O gradiente e o índice de gradiente são mais comummente usados para medir o declive do rio e podem ser usados para definir diferenças relativas na elevação (Merritts e Vincent, 1989) e erosão (Hack, 1973). Os declives dos rios aqui utilizados são obtidos a partir de medições em mapas topográficos e, portanto, são maiores do que o declive real. O gradiente ou declive é a mudança de elevação ao longo de uma distância e é útil para comparar as mudanças de declive ao longo de comprimentos próximos semelhantes. O índice de gradiente é a variação da elevação numa distância normalizada logaritmicamente e é mais útil para comparar declives em distâncias maiores e em rios diferentes.

Os perfis longos e o índice de gradiente são calculados para duas bacias hidrográficas, a fim de compreender o significado neotectónico da paisagem e a natureza dos movimentos ao longo das principais falhas, como a IBF e as falhas transversais associadas. As bacias de drenagem de Khari e Rukhmavati são consideradas muito activas. Os perfis longos destas bacias mostram uma inclinação invulgar, pelo menos num local, enquanto existem dois limiares em ambas as bacias hidrográficas, indicando dois episódios tectónicos importantes no período Quaternário. O índice de gradiente das respectivas bacias na figura abaixo representa um ou dois picos ou perturbações no perfil, indicando um ou dois grandes impulsos tectónicos. Estas bacias são drenagens que fluem para norte e para sul, a partir da parte central de Kachchh continental e da parte central da cordilheira de Katrol Hill, sugerindo dois episódios proeminentes de atividade tectónica ao longo da falha de Katrol Hill (KHF).

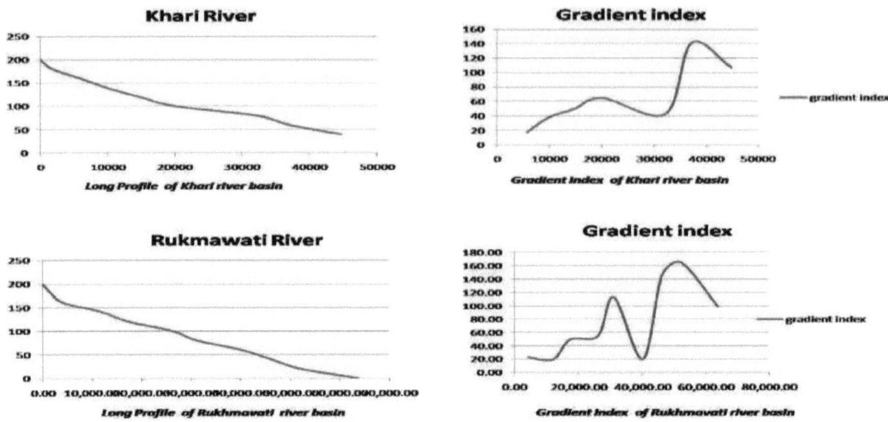

Figura 5.3: Perfis longos e índice de gradiente das bacias hidrográficas dos rios Khari e Rnkhmawati

Sinuosidade do rio

A sinuosidade é o rácio entre o comprimento real do percurso do canal principal/comprimento mais curto entre o ponto final do canal principal (ao longo da curva) e o comprimento da distância (linha reta) entre o ponto final da curva. Canal

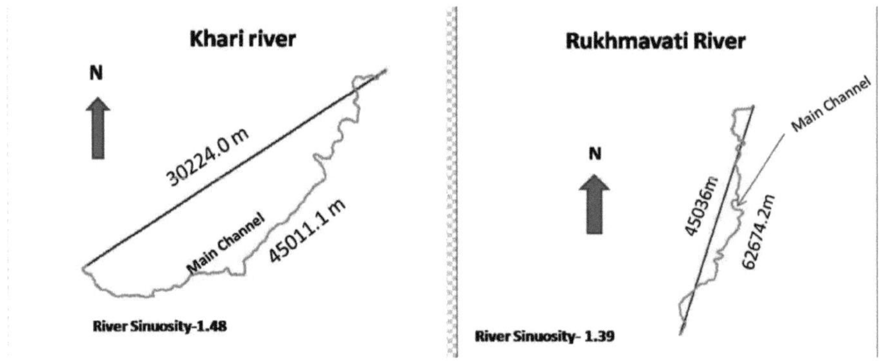

Figura 5.4: Sinuosidade dos rios das bacias de Khari e Rukhmavati.

A sinuosidade da bacia hidrográfica dos rios Khari e Rukhmavati é próxima de 1, o que indica que a bacia hidrográfica é uma bacia de controlo tectónico total e também que a falésia quaternária ao longo da tendência principal do rio indica que ambas as bacias hidrográficas são bacias neotectonicamente activas.

5.3 Lineamentos de drenagem e estruturais

O estudo dos lineamentos na análise morfotectónica é um parâmetro ativo-tectónico considerado significativo. O lineamento é qualquer elemento linear encontrado no mapa ou nas imagens de satélite que tenha algum significado, mas no estudo morfométrico e morfotectónico, os lineamentos são traçados utilizando falhas e diques maiores a menores como estruturas geológicas. Trata-se de lineamentos estruturais e morfotectónicos, enquanto os lineamentos traçados ao longo dos principais rios e cursos de água menores, utilizando padrões de drenagem, mostram geralmente fracturas na área e as suas tendências sugerem as tensões mais recentes. Estes são conhecidos como lineamentos de drenagem. Estes lineamentos são identificados em mapas de 1:50.000 e também em mapas SRTM da área. Durante a análise efectuada por um autêntico software GIS (Geo-Media), o comprimento dos morfolinamentos foi considerado em relação às suas tendências. Apenas os morfolinamentos significativos com mais de 1000 m foram tidos em conta.

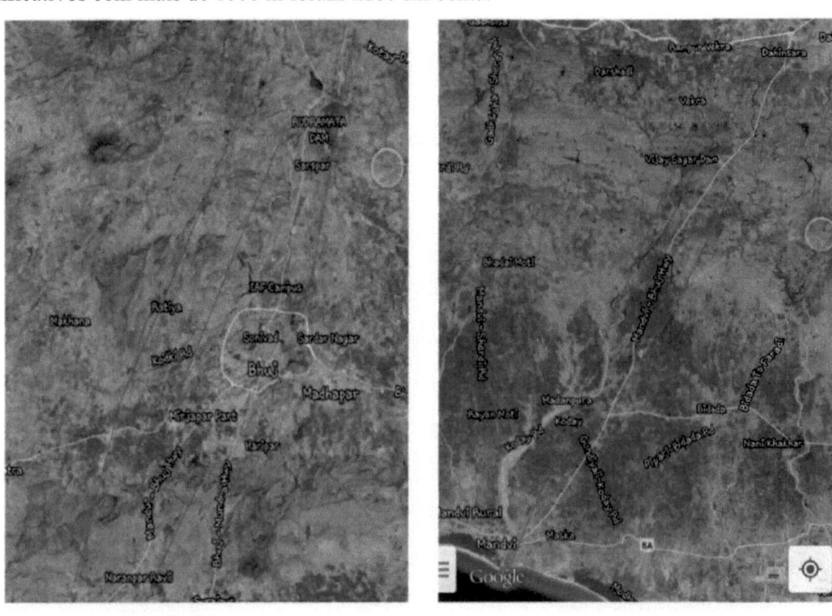

Khari River **Rukhmavati River**

Figura 5.5: Imagem do Google que mostra os lineamentos na e ao longo da bacia dos rios Khari e Rukhmavati.

Além disso, a orientação dos morfolinamentos foi comparada com a das falhas, de modo a poderem ser avaliadas as suas possíveis relações casuais, como a influência da estrutura no padrão de drenagem ou o impacto da neotectónica no relevo.

Na região da bacia dos rios Khari e Rukhmavati, os morfolinamentos apresentam uma tendência proeminente NNE-SSW. Os lineamentos de drenagem da bacia dos rios Khari e Rukhmavati têm NNE-SSW como tendência dominante para todas as ordens, enquanto a primeira ordem tem tendência NNE-SSW. As outras tendências transversais não são muito eficazes, exceto NE-SW. Por conseguinte, em geral, os lineamentos de drenagem sugerem fracturas transversais em ambas as bacias hidrográficas. A dominância da tendência transversal indica actividades ao longo das falhas mestras E-W, mas as fracturas produzidas em resposta à reativação destas falhas mestras geraram-se em direcções transversais.

Capítulo - 6

CARACTERIZAÇÃO MORFOTECTÓNICA DAS BACIAS HIDROGRÁFICAS DOS RIOS KHARI E RUKHMAVATI

6.1. Caraterísticas Geomórficas do Tectono estudadas

Superfícies de erosão

Biswas (1974) identificou quatro grandes superfícies terrestres (paisagens erosivas) em Kachchh. As planícies de Banni e o Grande Rann são planícies de deposição de tempos recentes. O Planalto Central do Continente contém apenas duas superfícies terrestres proeminentes, nomeadamente superfícies terrestres mesozóicas. Todas as cadeias quebradas e aglomerados de colinas de topo plano, cumes descontínuos, planaltos e cuestas na parte central do Kachchh continental constituem uma superfície mesozóica. A sua maior parte situa-se a uma altitude de 180-360 m em relação ao nível do mar, ao passo que o resto da região de Kachchh continental central constitui uma superfície terrestre do início do Quaternário. As caraterísticas fisiográficas associadas a esta região são extensas planícies rochosas, terrenos baldios arenosos e terras cultivadas.

Durante o presente estudo, o autor identificou ainda paisagens do Quaternário médio, do Quaternário tardio e do início do Holocénico na parte central da ilha de Kachchh. As extensas planícies rochosas e descuidadas são, na sua maioria, superfícies terrestres do Quaternário inicial.

I. Superfície Erosional Mesozóica:

Esta superfície no Planalto Central de Kachchh é identificada por cumes descontínuos, cadeias quebradas e aglomerados de colinas com superfície furriçada em grande parte ao longo da tendência da bacia hidrográfica, especialmente nos troços mais elevados; enquanto nos troços mais baixos, a superfície rochosa desleixada, as cavidades estruturais, as flexões e a superfície em que a maior parte do leito rochoso do rio flui é conhecida como superfície erosiva do Quaternário inicial.

II. Superfícies terrestres do Quaternário

Os depósitos quaternários da região central de Kachchh em estudo incluem terraços de vales fluviais do Quaternário, planícies aluviais e superfícies de colúvio ao longo das regiões montanhosas. Formam montes baixos e elevados ou depósitos de fluxos de detritos quaternários incisos ou depósitos aluviais/coluviais. Em zonas ligeiramente mais elevadas, encontram-se também protecções ocasionais de areia eólica neste grupo.

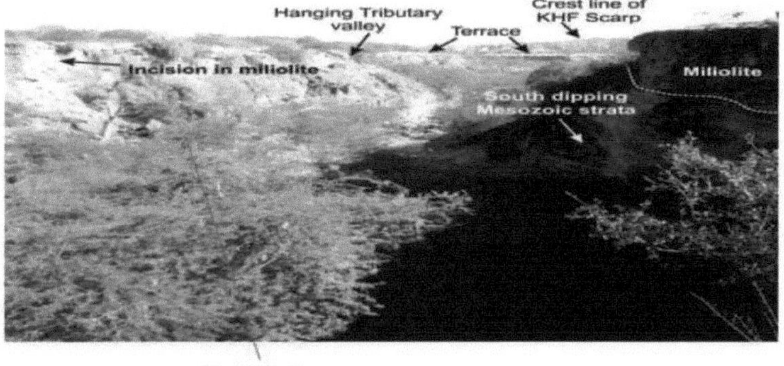

Figura 6.1: Desfiladeiro de tendência N-S incisando os miliolitos ao sul de KHF. Duas fases de formação do desfiladeiro são discerníveis

Figura 6.2: Vales incisos de tendência NNE-SSW e gargantas intermitentes nos miliolitos de preenchimento de vales na parte central de Kachchh continental

Figura 6.3: Superfície de deposição quaternária na bacia do rio Khari, perto da aldeia de Ratiya.

Terraços tectono-erosionais

As elevações rochosas do continente central de Kachchh apresentam uma das caraterísticas geomórficas mais marcantes nas suas faces setentrionais, contra as escarpas rectas e as frentes montanhosas. Os terraços rochosos/leitosos de erosão tectónica ao longo de toda a extensão da escarpa das falhas indicam erosão fluvial e subsequente elevação das ilhas. Estas caraterísticas encontram-se muito próximas da atual superfície de Rann. Os seus terraços erosivos têm cinco níveis na parte central da ilha de Kachchh (Thakkar at el, 2001), indicando erosões rochosas não emparelhadas com plataformas rochosas. Os níveis variados de terraços rochosos encontram-se no Continente Central, onde se encontram sedimentos fluviais com cerca de 5 a 12 metros de espessura. Os arenitos das formações Bhuj e Jhuran em ambas as bacias hidrográficas são de grão fino e encontram-se com xistos calcários como leitos intercalados. Na erosão do leito rochoso, estes arenitos são expostos como rochas em forma de cogumelo, grutas e terraços erosivos.

Figura 6.4: Caving's nas arribas de terraços rochosos não emparelhados, provavelmente devido à ação do vento ou da água em condições de alta energia na bacia do rio Rukhmawati, perto da secção Rampar Vekra.

Figura 6.5: Superfície de erosão tectónica no desfiladeiro de Khari (estrada Bhuj-Kodki, mostrando cinco terraços rochosos não emparelhados), mostrando também a incisão rochosa do arenito Bhuj.

Figura 6.6: Tendência NNE-SSW Três terraços tectono-erosionais proeminentes a norte do sul de KHF sugerindo três grandes episódios de elevação ao longo da Alta Mediana.

Note-se os buracos nos terraços da frente, enquanto o terraço do nível superior contém grutas geradas quer pelo vento quer pela ação fluvial.

Figura 6.7: Buracos na bacia do rio Khari, perto da aldeia de Kodki.

Figura 6.8: Um ponto de charneira proeminente ao longo de um curso de água de primeira ordem que corre para norte na região central de Kachchh (bacia do rio Khari). O terreno anterior é uma parte dos terraços de rocha de nível inferior modificados pela ação posterior da corrente.

Falhas transversais

As falhas transversais em Kachchh foram identificadas como tendo origem no início do Terciário durante a tectónica da fase de inversão (Biswas, 1974; Maurya et al. 2003). A reativação das falhas mestras E-W gerou falhas transversais regionais e locais para acumular a tensão no sistema de fendas de Kachchh. Estas falhas parecem ter desempenhado um papel importante na separação das elevações domais individuais e moveram blocos no sentido dos ponteiros do relógio ou no sentido contrário ao dos ponteiros do relógio em relação às regiões de tensão lateral-horizontal na fase inicial (Biswas, 1980). Estes processos iniciais também geraram várias falhas transversais subsidiárias no interior das elevações abaluartadas.

. A cadeia de montanhas Katrol está separada por grandes falhas transversais, que estão expostas à superfície sob a forma de falhas de deslizamento profundo de baixa deslocação e sob a forma de falhas de deslizamento de ataque. As falhas de deslizamento oblíquo e de deslizamento de ataque semelhantes atravessam segmentos da KHF em alguns locais. No presente trabalho de dissertação, o autor identificou essas falhas transversais no centro de Kachchh, onde as escarpas de KHF se encontram deslocadas lateralmente, enquanto as três falhas transversais que correm no sentido NNE-SSW mostram escarpas frescas. A atividade destas três falhas transversais manifesta-se pelo desfiladeiro profundo e estreito e pelo vale em forma de "V" que correm paralelamente a estas falhas na direção NNE-SSW.

Figura 6.9: A- Escarpa de KHF em Katrol, B- Vista de perto dos depósitos coluviais incisos por um pequeno curso de água na base da escarpa de Khatrod, C- Secção de falésia do curso de água de Gunawari mostrando a incisão nos depósitos fluviais. Note-se a incisão nas rochas jurássicas expostas no leito do rio, D- Vista a montante do desfiladeiro de Khari a norte de KHF, E Vista de perto do desfiladeiro de Khari, F- Desfiladeiro estreito desenvolvido em arenito cretácico perto da aldeia de Bharapar a sul de KHF.

CARACTERIZAÇÃO ESTRUTURAL, PALEOAMBIENTAL E NEOTECTÓNICA DA BACIA DOS RIOS KHARI E RUKHMAVATI

A bacia hidrográfica dos rios Khari e Rukhmavati de Kachchh é aqui escolhida para os estudos tectónicos e neotectónicos das actividades geomórficas. A observação geomórfica alargada no terreno, as imagens de satélite, os mapas topográficos e a literatura anterior provam que a bacia dos rios Khari e Rukhmavati atravessa as falhas mestras.

No presente trabalho, o autor tentou documentar e estudar os seguintes aspectos na e ao longo da bacia dos rios Khari e Rukhmavati.

- Secção quaternária na margem do rio para estudar a história climática e tectónica da bacia no período quaternário.
- Estrutura no rio e ao longo dele.
- Incisão do leito rochoso pelo rio.
- Caraterísticas tectono-geomórficas no sítio fluvial.

Figura 7.1: Mapa Google da bacia de Khari e Rukhmavati mostrando diferentes locais de campo onde o presente trabalho foi efectuado.

Por uma questão de conveniência, a área de estudo é dividida em duas janelas, de acordo com a disparidade geomórfica e estrutural. É efectuado um estudo sistemático por janela para fundamentar algumas das observações estruturais e geomórficas gerais nos mapas e imagens. As duas janelas são as seguintes:

1. Bacia do Khari
2. Bacia do Rukhmavati

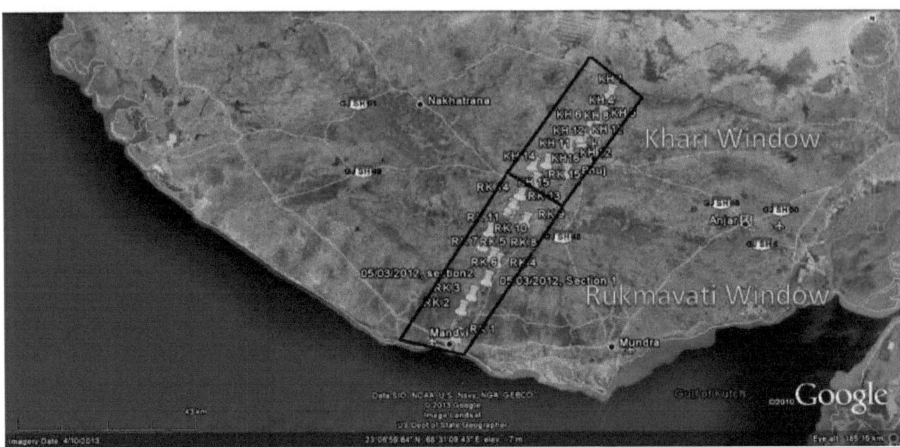

Figura 7.2: Mapa mostrando a janela de Khari e Rukhmavati

7.1 Janela 1 - Rio Khari (estrada Bhuj Kodki)

Gargantas

Os desfiladeiros de rocha são caraterísticas geomórficas espectaculares que resultam da erosão fluvial de alta intensidade. Caracterizam-se por um armazenamento mínimo de sedimentos aluviais e formam-se normalmente quando a capacidade de transporte de sedimentos excede o fornecimento de sedimentos a longo prazo (Howard *et al* 1994). Os processos de incisão na rocha, como a depenagem, a abrasão e as cavitações, podem também conduzir à canelura e à formação de buracos em rochas maciças unidas e não unidas (Whipple *et al* 2000). Os sistemas de canais rochosos têm sido considerados úteis para compreender a evolução da paisagem porque reflectem condições de fronteira, tais como flutuações no nível de base e/ou no nível do terreno, alterações climáticas e tectónica nas paisagens (Whipple *et al* 2000).

O clima, a litologia e a elevação das rochas são identificados como os parâmetros críticos que regem a formação de gargantas rochosas (Whipple *et al* 2000). No entanto, os modelos tectono-geomórficos acoplados sugerem frequentemente que as taxas de deformação elevadas estão espacialmente associadas a taxas de erosão elevadas (Burbank *et al* 1996). Neste artigo, descrevemos as caraterísticas geomorfológicas das gargantas de rocha desenvolvidas ao longo da bacia do rio Khari.

Esta é uma caraterística muito importante do significado das falhas de charneira do Planalto Mediano. Com a elevação do Alto Mediano, desenvolveram-se muitas articulações e podemos assumir que estes desfiladeiros se desenvolveram nessas articulações principais. Além disso, se virmos os desfiladeiros de Kachchh, encontraremos o desfiladeiro ideal que encontrámos apenas na área do Planalto Mediano, se nos concentrarmos no Kachchh oriental e ocidental, não encontraremos este tipo de desfiladeiros e o mais impressionante sobre estes desfiladeiros é o facto de estes desfiladeiros seguirem a tendência do Planalto Mediano. Durante o meu trabalho de campo, visitei muitos locais de desfiladeiros que são apresentados no diagrama abaixo e o mapa dos desfiladeiros em redor de Bhuj é apresentado na figura abaixo.

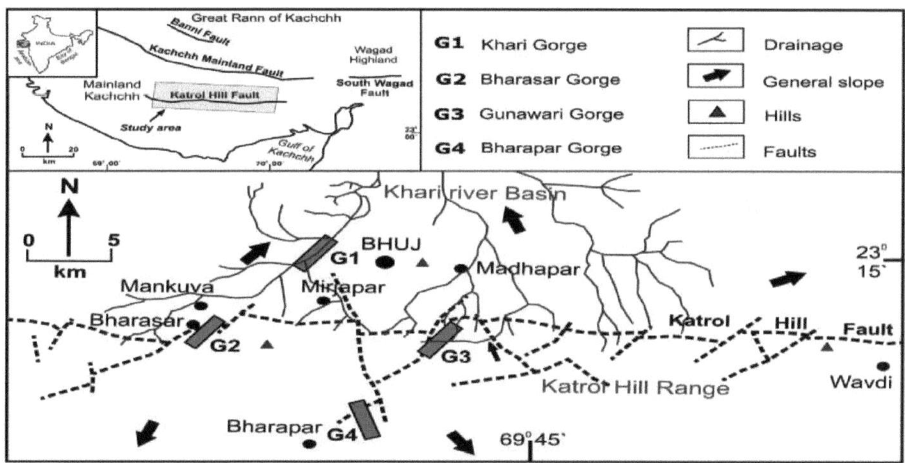

Figura 7.3: Mapa da zona de estudo que mostra a localização dos desfiladeiros estudados, a bacia de drenagem do Khari, a fisiografia proeminente *(M G Thakkar et al)*

O rio Khari nasce na cordilheira Katrol Hill e corre para norte ao longo de um canal incisivo com 10-15 m de profundidade, desenvolvido numa paisagem rochosa e altamente esburacada, identificada como uma superfície de erosão do Quaternário inicial formada sobre arenitos do Cretácico tardio pertencentes à formação Bhuj. A cerca de 4 km a oeste de Bhuj, na estrada Bhuj-Kodki, o rio apresenta um desfiladeiro profundo desenvolvido localmente (400 m de comprimento) com terraços rochosos nos arenitos do Cretáceo e um paleocanal preenchido com depósitos aluviais. Um dique básico corre ao longo da tendência N100° ao longo do canal, confinando uma lagoa no lado a jusante do desfiladeiro. Também se observa uma falha normal vertical proeminente com tendência N40°. Uma vez que o nível da parte mais profunda do desfiladeiro de Khari e da lagoa a jusante é relativamente mais baixo do que a altura média do fundo do vale, o fluxo da água inverte-se na extremidade a jusante da lagoa. Observa-se também uma lagoa tectónica semelhante na extremidade a montante do desfiladeiro, delimitada por duas falhas normais que atravessam o desfiladeiro. Várias falhas transversais e E-Faults com movimentos normais e inversos foram cartografadas em duas colinas dispersas e erodidas localizadas a norte do desfiladeiro.

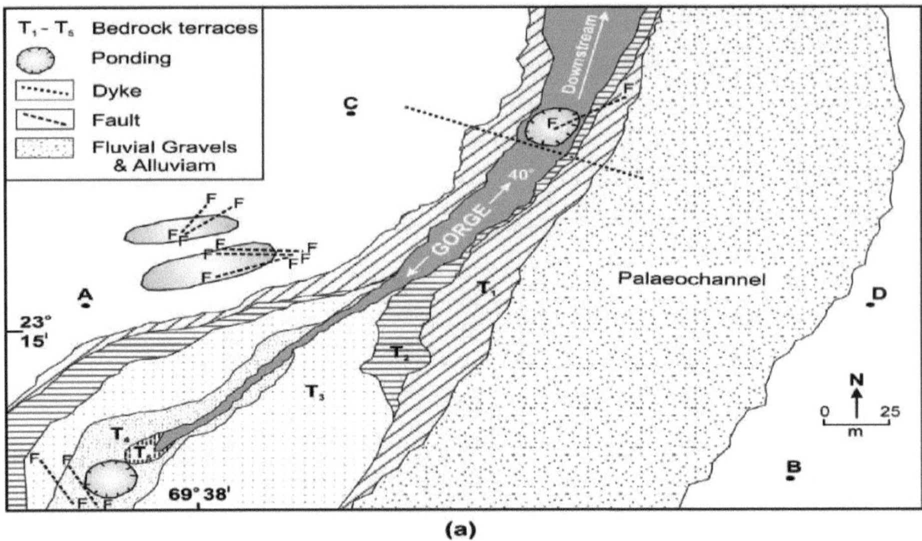

Figura 7.4: Mapa morfotectónico do desfiladeiro de Khari mostrando os terraços rochosos Tl a T5 e o paleocanal. T6 é o terraço mais baixo do desfiladeiro, com uma dimensão aérea negligenciável. As lagoas delimitadas por falhas em ambas as extremidades do desfiladeiro estão assinaladas com círculos. *(M G Thakkar et al)*

Figura 7.5: O desfiladeiro de Khari com tendência NNE-SSW ao longo da tendência de Median High. Este rio está a fluir de uma grande junta.

Embora o canal do rio Khari permaneça seco durante a maior parte do ano, a zona do desfiladeiro está permanentemente cheia de água subterrânea estagnada que se infiltra ao longo das várias caraterísticas estruturais acima referidas. Isto também é evidenciado pelo facto de a água no desfiladeiro não desaparecer mesmo após vários anos consecutivos de seca (M *G Thakkar et al).*

Figura 7.6: Fotografia mostrando o corte estreito do arenito Bhuj no desfiladeiro de Khari.

Figura 7.7: Fotografia mostrando a ranhura e a direção do fluxo de água.

Secção ao longo de Ratiya Nala, rio Khari.

Ao longo do Ratiya Nala, um afluente do rio Khari principal, dois cursos de água vindos do norte e do sul formam uma zona de confluência, fluindo depois quase de leste para oeste e encontrando o curso principal na confluência de Khari smashan. Khari Nadi smashan é também a confluência de dois afluentes ou ribeiros, ou seja, o ribeiro principal de Khari Nadi e o ribeiro de Ratiya Nala. (Estamos a meio quilómetro de distância de Khari Nadi Smashan).

Estrutura	Localização GPS	Direção de ataque	Direção de imersão	Quantidade de imersão
Plano de falha	N23U 15'47.9";E69U 37'20.8"	N20°	Oeste	49°

Observações significativas

- Existe um plano de falha que apresenta a seguinte tendência
- Os deslizamentos de terra são nitidamente observados ao longo do plano da falha, indicando o movimento de deslizamento.

Figura 7.8: Fotografia mostrando a planície de falha e o deslizamento na base do rio.

- Os estratos mesozóicos ao longo dos quais a falha está exposta são uniformemente acamados, sendo difícil decidir se são descendentes ou ascendentes. Para compreender o movimento desta falha no período quaternário, é necessário verificar a natureza da última superfície quaternária disponível na área. Olhando para ambos os lados do plano da falha, a superfície de planície quaternária tem uma espessura diferente.

- A oeste do plano de falha, ocorre a incisão fluvial da superfície quaternária, enquanto no lado leste apenas as rochas mesozóicas são incisadas. Estas incisões no quaternário são importantes para compreender os episódios climáticos e tectónicos no período quaternário ou podem também indicar a reativação da falha ao longo do plano da falha.
- Além disso, uma observação geral sugere que os depósitos mais espessos se encontram a oeste do plano de falha, em comparação com os depósitos do bloco oriental, o que sugere que o bloco ocidental foi projetado para baixo.
- A leste do plano de falha, a superfície de planície, sempre que exposta, revela apenas meio metro

de depósitos de vertente de lavagem mais finos com areias mais finas de origem eólica. As areias do talude de lavagem podem ser cascalhos e seixos angulares ou sub-angulares. Em contraste com o que se passa a oeste, existe uma grande superfície plana de planície com 1 km de comprimento (aprox.) a oeste e igualmente larga na direção norte-sul.

- A superfície ocidental parece um enorme fluxo ou depósito de detritos. Esta superfície está confinada ao sítio de Ratiya Nala e está tectonicamente confinada ao plano de falha exposto na área.
- A inclinação geral da zona é para leste ou sudeste, onde corre o Ratiya Nala.
- A área tem duas superfícies tectono-erosionais T1 e T2. Onde T1 é a superfície de planície discutida anteriormente e T2 é a superfície mais jovem que está exposta perto do Plano de Falha.
- Os depósitos quaternários na margem ocidental do rio na secção Ratiya Nala são apenas 30 -50 cms.

Figura 7.9: Duas superfícies tectono-erosionais T1 e T2

Importância do sítio

- A falha é reactivada no quaternário
- As superfícies tectono-erosionais, juntamente com os terraços fluviais, indicam uma topografia jovem e uma caraterística geomórfica jovem.

Secção do Quaternário

Figura 7.10: Secção quaternária ao longo da planície de falha sugerindo a reativação da falha em tempo quaternário.

Descrição do registo litológico do fluxo de detritos

Ao longo deste troço foi observado um fluxo de detritos de 7 metros.

TOP

Camada 01:-

A camada tem 1,6 metros de espessura.

Depósitos de fluxos de detritos mais jovens que contêm grandes litoclastos (blocos de rocha do campo dispostos maioritariamente na horizontal na direção do fluxo da vertente. Os litoclastos são maioritariamente angulares e raramente arredondados, o que sugere um transporte muito reduzido e uma deposição rápida.

A Matriz é uma areia de grão fino - muito grosso, arredondada, com um tamanho de grão entre 2-4mm.

Figura 7.11: Vista de perto dos detritos

Camada 02:-

A camada tem uma espessura de 1,3 metros.

Observam-se depósitos uniformes de areia de grão fino a grosso com muito poucas partículas de argila.

O tamanho da areia varia de 1 a 4 mm.

A cor da areia situa-se entre o castanho e o castanho-avermelhado devido à elevada oxidação do ferro.

Estes depósitos apresentam ocasionalmente litoclastos plaqueados dispostos em direção aleatória. As estruturas rizolíticas também estão preservadas.

Camada 03:-

A camada tem 2,5 metros de espessura

A camada é inteiramente constituída por cascalhos fluviais com grãos arredondados a sub-arredondados que variam de milímetros a pés de tamanho.

Estes litoclastos e litoblastos de maiores dimensões têm o seu eixo maior quase paralelo ao plano de deposição. A matriz do leito de cascalho fracamente cimentado é constituída por areia fina a grossa com pequenas partículas de argila, sugerindo um depósito de fluxo de detritos ao longo de um paleocanal, particularmente neste local.

Este local onde tirámos o tronco parece ser um centro de depósito do canal e é por isso que obtemos o depósito mais espesso de cascalho e areia.

Camada 04:-

A camada tem 1 metro de espessura.

Esta camada é de areia grossa com uma pequena percentagem de argila.

O tamanho da areia aumentou para 1-6 milímetros. É frequente observarem-se grãos de areia, o que sugere a existência de um depósito fluvial ou de uma barra.

Neste horizonte encontram-se ocasionalmente litoclastos de rocha campestre.

Camada 05:-

A espessura da camada é de 5-10 centímetros.

Observa-se que os depósitos de cascalho angular-sub-angular estão a sobrepor-se ao Mesozoico.

Fundo

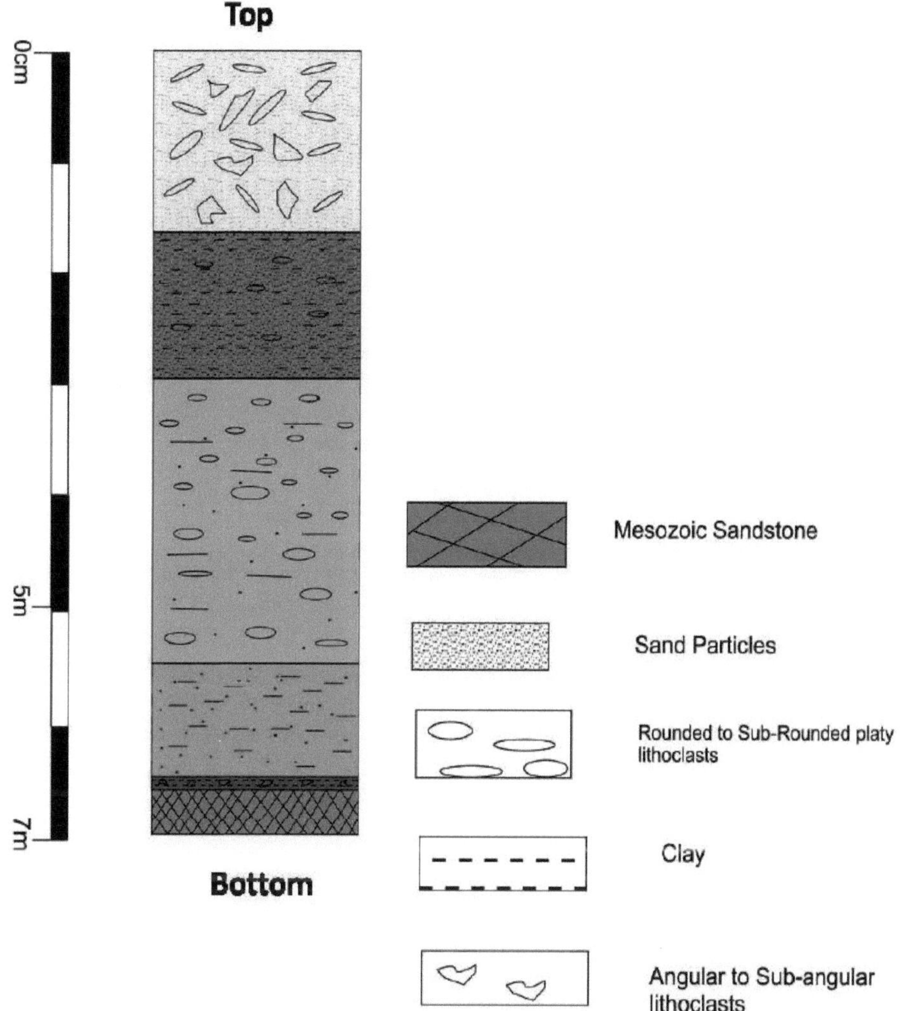

Figura 7.12: Litologia da secção de Ratiya Nala (secção quaternária).

Figura 7.13: Superfície deposicional quaternária

- Atrás da escola Sanskar

Figura 7.14: Incisão do leito rochoso da rocha mesozóica a incisão é superior a 12 metros.

Perto da Air force Road

Figura 7.15: Incisão do leito rochoso em rochas jurássicas

Figura 7.16: Pontos de corte nos leitos dos rios

Figura 7.17: Juntas na base do rio ao longo da tendência do rio.

Figura 7.18: Juntas ao longo do rio sugerindo que o rio é um rio com controlo estrutural.

Figura 7.19: Incisão das rochas mesozóicas.

Janela 2 - Bacia hidrográfica do rio Rukhmavati

- Desfiladeiro do rio Rukhmawati

GPS:-N23°16'12.73"; E69028'12.22"

Aldeia: - RamparVakera

O desfiladeiro do rio Rukhmawati é um desfiladeiro de leito rochoso com tendência Norte-Sul em arenito Bhuj. A tendência do desfiladeiro deste rio está em linha com a tendência do desfiladeiro do rio Khari. Neste local, a largura do rio não é superior a 2 metros e a profundidade é de cerca de 25 metros. No lado oriental do desfiladeiro, observámos falhas com uma tendência NNW-SSE, com um mergulho de 45° e que se inclinava para o lado oriental. Esta falha está a correr paralelamente ao desfiladeiro. A largura e a profundidade do desfiladeiro indicam que este é uma caraterística neo-tectónica recente da bacia hidrográfica. Poucos metros antes do desfiladeiro, observámos que existem várias falhas de tendência Norte-Sul e Este-Oeste que controlam o fluxo do rio. O desfiladeiro mostra três terraços fluviais emparelhados, indicando três fases de elevação.

	Direção de ataque	Direção de imersão	Quantidade de imersão
Falha	N170°	Leste	45°

Figura 7.20: Localização GPS do desfiladeiro de Rukhmawati

Figura 7.21: Desfiladeiro do rio Rukhmawati

Figura 7.22: Fotografia mostrando o estreito desfiladeiro do rio Rnkhmawati juntamente com terraços tectónicos erosivos.

- Secção Quaternária

O rio Rukhmawati incisou muitas secções do Quaternário em vários locais ao longo do seu curso. Os pormenores de alguns destes locais de fácil acesso são mencionados abaixo:

Localização 1:- RamparVakera:-

Neste local, pode observar-se que o rio que flui no sentido NNE-SSW incisou o arenito Bhuj de grão grosseiro juntamente com a secção quaternária no topo. A falésia quaternária observada não era um fluxo de detritos. A altura da falésia quaternária era de cerca de 3-4 metros. Esta falésia é constituída principalmente por areia fina.

Neste local, o rio flui primeiro a NS e depois faz uma viragem súbita de 90° devido a uma falha (como se pode ver na figura 7.23). Esta falha afectou a superfície quaternária, bem como o arenito Bhuj subjacente, de tal forma que o arenito Bhuj é lançado para cima em comparação com a superfície quaternária.

Figura 7.23: Rotação súbita de 90° do rio devido a uma falha.

Figura 7.24: Falésia quaternária na aldeia de Rampar Vakera.

Localização 02:- Dhunai

Leitura GPS:-N23º 04'27.0"; E69º 30'02.6"

O afluente do rio Rukhmawati, chamado Morjar Nadi, é observado aqui. Este local situa-se na parte central da bacia e o rio corre aqui sobre as armadilhas do Decão ou basaltos. Este local é de extrema importância, uma vez que se podem observar os Miliolitos primários a serem incisos pelo rio.

Depois de caminhar por alguns metros, podemos observar que o rio é o miliolito por mais de 8 metros. Esses miliolitos se sobrepõem às armadilhas Deccan e podem ser também miliolitos preenchidos por vales ou rios.

Teoricamente, estes miliolitos podem ser correlacionados com a secção de miliolitos observada em toda a Bhuj, com uma idade aproximada de 70 000 anos, que coincide com a mesma altura em que ocorreu a reativação da KHF, pelo que se pode inferir que os miliolitos foram depositados devido à obstrução da KHF devido à reativação.

Juntamente com os Miliolitos podemos também observar arribas quaternárias com cerca de 4 metros

Figura 7.25: Vale incisado por Miliolites junto ao rio Rukhmawati

Figura 7.26: Secção do rio na aldeia de Dhunai mostrando os terraços quaternários de Miliolites

Localização 03:- Gangaji atrás de Nana Asambiya

Leitura GPS: - N22^{0} 59'18.2"; E69026'25.0

Neste local, podemos observar que o rio corre na direção NE-SW e está a incisar os depósitos quaternários holocénicos em ambos os lados, bem como o arenito Bhuj no fundo.

À entrada do templo, pode também observar-se uma falésia de fluxo de detritos constituída por rochas basálticas, seixos angulosos que mergulham para sul.

- Fluxos de detritos

Observa-se que o rio deixou muitas evidências da sua atividade, sendo uma dessas evidências o fluxo de detritos. O fluxo de detritos pode ser observado de forma proeminente em três locais, cujos pormenores são apresentados a seguir.

Localização 01: Aldeia de Rampar vakera

GPS: - N 23° 05'46.8"; E69028'05.4"

O fluxo de detritos neste local apresenta 2 ciclos de eventos.

O primeiro ciclo de eventos é observado da camada 01 à camada 03.

Camada 01:- Espessura da camada 30 cms,

A camada é constituída por arenito ferruginoso angular orientado aleatoriamente com clastos suportados.

Camada 02:- Espessura da camada 2 metros.

Esta camada é uma areia grossa-média, grosseiramente laminada, com litoclastos angulares e platicais ocasionais observados ao longo dos planos de acamamento grosseiros. Na parte superior da camada podem ser observadas ténues laminações.

Em geral, o horizonte apresenta uma estratificação cruzada, exceto na parte central. A primeira amostra do horizonte apresenta uma estratificação cruzada, exceto na parte central.

1st amostra para datação OSL é retirada da parte central, que tem areia de grão médio a fino.

Camada 03:- Espessura da camada 20 cm

Esta camada apresenta areia cinzenta escura, média a fina, grosseiramente laminada, com cascalhos discretos. Neste horizonte observa-se também a formação de moles.

O segundo ciclo de eventos pode ser observado a partir da camada 04 - até à camada 10.

Camada 04:- A espessura desta camada é de 40 cms.

Observamos litoclastos angulares e platicais orientados aleatoriamente, com tamanhos que variam de 10 cm a grânulos. O horizonte também mostra uma orientação laminar preferida dos litoclastos platy.

Camada 05:- A espessura desta camada é de 50 cms.

Nesta camada, os 40 cm inferiores são laminados ferruginosos com granulometria entre areia grossa e média, cobertos por areia argilosa com 10 cm de espessura.

Camada 06:- A espessura desta camada é de 70 cms.

Esta camada é constituída por areia ferruginosa maciça, média a grossa, arenosa, contendo regolitos friáveis, juntamente com $CaCO^3$

2nd amostra para datação OSL é recolhida desta camada.

Camada 07:- Espessura desta camada 100 cm.

Esta camada é constituída por areia grosseira a média, ferruginosa. A camada apresenta ocasionalmente camadas de areia de cor amarelada. A parte superior da camada é constituída por regolitos friáveis e o horizonte é coberto por areia média endurecida com 60 cm de espessura.

Nesta camada também se podem observar miliolitos retrabalhados fluvialmente na mesma secção.

Camada 08:- Esta camada tem 50 cm de espessura.

Observa-se areia arenosa com litoclastos plaqueados, juntamente com actividades de canal localizadas e estratificação cruzada de calha. Estas estratificações tornam-se planares em direção ao topo. A matriz desta camada é constituída por miliolitos.

A terceira amostra para datação por OSL é retirada desta camada.

Camada 09:- Esta camada tem 2m de espessura.

Esta camada é constituída por miliolitos grossos, indurados, fluvialmente retrabalhados, contendo calcerite nodular.

A 4ª amostra para datação por OSL é retirada daqui.

Camada 10: - a espessura desta camada é de 2,5 metros.

A camada consiste em litoclastos platicos grosseiramente laminados, inseridos numa matriz arenosa dominada por grãos de miliolitos. A deposição parece ter ocorrido como depósito de preenchimento de canal.

Foi retirada desta camada a 5ª amostra para datação OSL.

Figura 7.27:- Fluxo de detritos em Rampar vakera

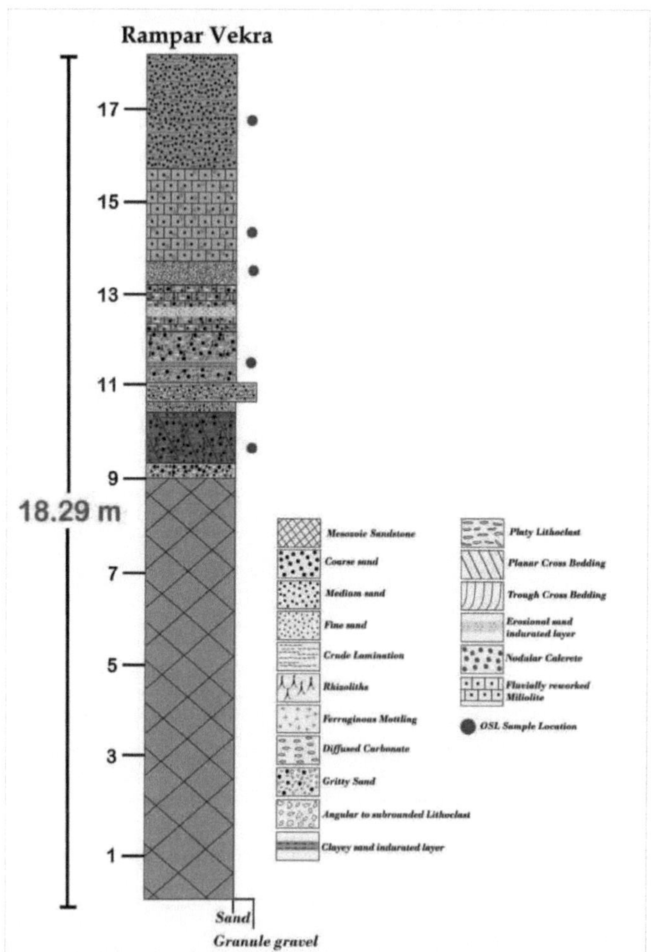

Figura 7.28: registo litológico da secção quaternária acima referida, perto do desfiladeiro de Rukhmawati, mostrando diferentes camadas e diferentes ciclos fluviais controlados pelo clima e pela tectónica.

Localização: Perto de Gangaji (Asambiya)

GPS: N22^{0} 59'27.3"; E69^{o} 26'32.0"

A descrição dos detritos é feita de baixo para cima.

Camada 01:- Espessura da camada 2,5 metros.

A camada é constituída por basalto esfoliado/desgastado, de espessura angular a subarredondada, litificado. O horizonte é dominado por litoclastos de cascalho.

É também constituída por arenito da formação Jhuran, de natureza plana.

Cimentação: - Carbonato de cálcio.

Esta camada sobrepõe-se a 6,5 metros de incisão de rocha dura em basalto.

Camada 02:- Espessura da camada 1,6 metros.

Nesta camada observam-se basaltos grosseiramente laminados juntamente com arenitos. Os Litoclastos são basaltos laminados e os Arenitos dominados por areias cascalhentas.

A primeira amostra para datação OSL é recolhida a partir daqui.

Camada 03:- A espessura da camada é de 1 metro.

Esta camada é constituída por litoclastos basálticos espessos, grosseiramente laminados e angulosamente dispersos (20 cm ao longo do eixo). Os litoclastos mais pequenos são arenitos plaqueados e sub-arredondados e são dominados por uma matriz de areia arenosa.

Camada 04:- A espessura desta camada é de 3,3 metros.

A camada é constituída por areia grossa a média parcialmente laminada e espessa. É também constituída por litoclastos platicos angulares a sub-arredondados intervenientes, juntamente com horizontes cascalhentos dominados. Observa-se também uma laminação ascendente, grosseira e consistente lateralmente

Camada 05:- A espessura desta camada é de 60 cms.

A camada consiste em areia miliolítica estratificada transversalmente e espessa. A camada também é constituída por areias arenosas com litoclastos plaqueados dominados por arenito.

Camada 06:- A espessura desta camada é de 50 cms.

A camada é constituída por litoclastos angulares a subarredondados, juntamente com alguns seixos de basalto.

A tendência das laminações é N20 .^{0}

Figura7.29: Fluxo de detritos na secção de Gangaji, Asambiya

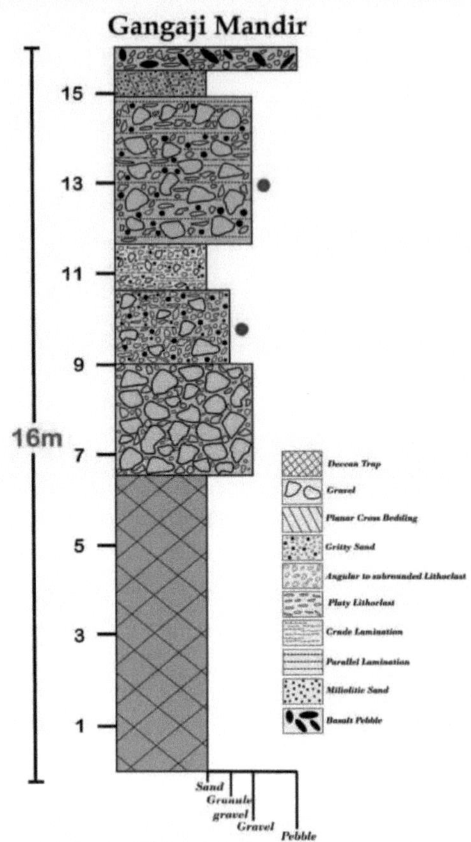

Figura 7.30: Litografia da secção quaternária da secção do rio Gangaji mostrando diferentes eventos de cheias repentinas provavelmente devido aos diferentes episódios tectónicos no período quaternário.

- Estruturas ao longo do rio Rukhmawati

O rio mostrou várias estruturas em vários locais

Algumas das estruturas que ajudaram o rio a fluir da forma como flui em vários locais são as seguintes

Localização 01: Aldeia de Rampar Vakera

Neste local existem várias juntas de tendência N-S ao longo do canal do rio, juntamente com buracos e sulcos ocasionais. Podem ser vistos 2 conjuntos de juntas

	Direção de ataque	Quantidade de imersão
Articulações	Norte-Sul	N40°
	Este-Oeste	N309°

Depois de caminharmos vários metros, podemos observar um canal fluvial completamente controlado por uma zona de falha. (GPS:N23^{O} 05'57.9':E69°27'59.1")

	Direção de ataque	Direção de imersão	Quantidade de imersão
Falha	N120°	N240°	63°

Neste local, o rio corre primeiro no sentido Norte-Sul e depois faz uma viragem súbita de 90^{0} e corre no sentido Este-Oeste devido a várias falhas paralelas de mergulho a Sul.

Estas falhas formam falhas em degrau em relação ao KHF lançado para cima.

Figura 7.31: Zona de falha na aldeia de Rampar Vakera

Localização 02: Dhunai

Neste local, observam-se juntas Columanr, falhas e articulações que têm um impacto sobre a direção do fluxo do rio. Estes basaltos fazem parte das armadilhas de Deccan e foram profundamente incisados pelo rio.

Figura 7.32: Fotografia mostrando a alta incisão do basalto da armadilha Deccan na parte inferior, bem como a secção quaternária no topo da secção do rio Dhunai

Figura 7.33: Juntas paralelas ao longo do curso do rio indicam o comportamento estrutural controlado do rio.

Todas as caraterísticas descritas acima podem ser facilmente correlacionadas com o tectonismo ativo dessa área.

Capítulo - 8

DEBATE E CONCLUSÃO

A paisagem de Kachchh é um exemplo único de região intraplaca ativa que sofre uma inversão de rift. Trata-se de uma bacia de rifte cratónica marginal (Biswas, 1982; 1987) formada no início do Jurássico e que recebeu sedimentos em períodos posteriores, quando a placa indiana se deslocava para nordeste após o rifte. Desde então, a bacia não tem sido estável e tem sido sujeita a muitas deformações tectónicas. A topografia de primeira ordem e a paisagem jovem de Kachchh indicam um rejuvenescimento contínuo da área, que acompanhou o ritmo dos processos erosivos (Biswas S. K., 1974). No presente estudo, foram calculados vários parâmetros morfométricos para as bacias de Khari e Rukhmavati da elevação continental de Kachchh. Além disso, são correlacionados com as caraterísticas morfotectónicas encontradas no terreno. A correlação dos principais tecidos estruturais com o crescimento sequencial de configurações geomórficas menores é bem compreendida através da aplicação de parâmetros morfométricos complexos na região da Falha de Katrol Hill de Kachchh. Assim, o presente estudo relaciona a morfologia e a tectónica na bacia de Khari e Rukhmavati de Kachchh ao longo da zona da Falha de Katrol Hill (KHF). A análise morfométrica no presente estudo aprecia a evolução da paisagem quaternária e o papel dos elementos tectónicos principais e subsidiários na formação da paisagem destas ilhas. O autor destacou apenas duas bacias hidrográficas (Khari e Rukhmavati) em pormenor para os estudos morfométricos, tendo em conta que estas constituem a parte intermédia da KHF e representam em grande medida o estilo estrutural da elevação, ao passo que a ilha principal de Kachchh tem um padrão estrutural separado e distinto por ser uma unidade litoestratigráfica separada.

As bacias hidrográficas dos rios Khari e Rukhmavati fazem parte da elevação do planalto mediano de tendência NNE-SSW, que se situa ao longo da principal falha de Kachchh. Ambas as bacias hidrográficas são caracterizadas por uma cadeia de colinas ao longo da sua margem norte e sul, que forma uma escarpa proeminente virada para a planície costeira e terrestre do norte. Estas escarpas íngremes ao longo da extremidade norte e sul de ambas as bacias hidrográficas constituem a parte mais elevada da elevação, a partir da qual os leitos mergulham suavemente para sul e norte, formando uma grande homoclina de baixa inclinação.

As falhas transversais em Kachchh foram identificadas como tendo origem no início do Terciário durante a tectónica da fase de inversão (Biswas, 1974; Maurya et al. 2003). A reativação das falhas mestras E-W gerou falhas transversais regionais e locais para acumular a tensão no sistema de fendas de Kachchh.

Estas parecem ter desempenhado um papel importante na separação de elevações domais individuais e moveram blocos no sentido horário ou anti-horário em relação às regiões de tensão lateral-horizontal na fase inicial (Biswas, 1980). Estes processos iniciais também geraram várias falhas transversais subsidiárias no interior das elevações domais. A cadeia de falhas de Katrol Hill está separada por grandes falhas transversais e os sedimentos mesozóicos elevados do continente de Kachchh mostram deslocações horizontais dos domos e flexões ao longo das falhas de deslizamento oblíquo (Maurya et al., 2003). As falhas transversais correm no sentido NE-SW. A atividade destas três falhas transversais é manifestada pelo desfiladeiro profundo e estreito e pelo vale em forma de "V" que corre paralelamente a estas falhas na direção NE-SW.

Quase 10 km a norte da escarpa KHF, um desfiladeiro Khari e, a sul da KHF, um desfiladeiro Rukhmavati com um vale em forma de "V" que se estende por cerca de 100 m na direção NE-SW sugerem a atividade neotectónica ao longo da KHF. A natureza jovem do desfiladeiro e o vale em forma de "V" associado a falhas paralelas sugerem que a área é neotectonicamente muito ativa. Além disso, as falhas transversais menos extensas e a falha principal com tendência E-W (KHF) sugerem movimentos verticais ao longo das falhas principais e movimentos de deslizamento de ataque ao longo das falhas transversais subsidiárias que imitam a natureza geral do estilo tectónico mais recente em Kachchh.

Todos os terraços tectónicos e erosivos são indícios de dois processos principais: a elevação tectónica ao longo da bacia dos rios Khari e Rukhmavati e a subsequente fluvial proveniente da cadeia de montanhas Katrol.

As bacias hidrográficas dos rios Khari e Rukhmavati contêm uma das caraterísticas geomórficas mais marcantes, que é o Tectono. Os terraços erosivos rochosos/leitos de rocha ao longo de toda a extensão da bacia indicam erosão fluvial e subsequente elevação da bacia. Os terraços erosivos têm três níveis na bacia do rio Rukhmavati e cinco níveis na bacia do rio Khari, indicando erosões rochosas não emparelhadas com plataformas rochosas. Na margem norte da bacia do Rukhmavati e na margem sul da bacia do rio Khari, onde se encontram sedimentos fluviais com cerca de 5 m de espessura, encontram-se níveis variados de terraços rochosos. Os arenitos das formações Bhuj em ambas as bacias são de grão médio e encontram-se com xistos calcários como leitos intercalados. Na erosão do leito rochoso, estes arenitos são expostos como rochas em forma de cogumelo, grutas e terraços erosivos.

Através do estudo de campo de várias caraterísticas morfotectónicas ao longo da bacia hidrográfica dos rios Khari e Rukhmavati, da sua evolução sedimentológica e estrutural a partir da literatura anterior e de investigações detalhadas de locais de falhas críticas, como as associadas ao KHF, e também de algumas das principais falhas transversais encontradas na área da bacia, são extraídos os seguintes pontos para a evolução da bacia ao longo do tempo geológico.

1. A bacia dos rios Khari e Rukhmavati é um rio que corre transversalmente à KHF e flui na zona de charneira do planalto mediano de Kachchh.

2. Através da análise morfométrica de ambas as bacias hidrográficas, podemos concluir que se trata de uma bacia controlada tectonicamente.

3. As gargantas profundas em ambas as bacias indicam atividade neotectónica na área da bacia.

4. As arribas incisas mesozóicas e quaternárias indicam a incisão e a elevação do rio no período quaternário.

5. As estruturas ao longo do rio sugerem o comportamento do controlo tectónico do rio.

6. As diferentes camadas de fluxos de detritos na secção quaternária indicam os ciclos de inundações repentinas no tempo quaternário devido à elevação tectónica cíclica na área da bacia.

7. As caraterísticas neotectónicas, como a natureza fresca das falhas, escarpas e gargantas ao longo da tendência da bacia em duas janelas diferentes, indicam uma reativação quaternária da mesma.

Referências

- Agarwal, S.K. (1957) Kachchh Mesozoic: A study of the Jurassic ofKachchh with special reference to the Jhura Dome. Jour. Palaeonto. Soc. India, v. 2, pp. 119-130.

- Ambraseys, N.N. (1988) Engineering seismology, Earthquake Eng. Dinâmica Estrutural. 17: 1-105.

- Aydin, A. e Nur, A. (1985). The types of stepovers in strike-slip tectonics. Em Strike-slip Deformation, Basin Formation, and Sedimentation (eds Biddle, K. T. e Christie-Blick, N.), Society ofEconomic palaeontologists and Mineralogists, Spl. Pub. 37, pp. 35-44.

- Bilham, R., (1999). Parâmetros de deslizamento para o terramoto de 16 de junho de 1819 em Rann ofKachchh, Índia, quantificados a partir de relatos contemporâneos. Em Stewart, I. S. e Vita-Finzi, C. (Eds) Coastal Tectonics. Geological Society London, 146, 295-318.

- Biswas, S.K.(1977) Mesozoic rock-stratigraphy ofKutch, Gujarat. Quat. Jour. Geol. Min. Met. Soc. Ind., v. 49, pp. 1-52.

- Biswas, S. K. (1982) Rift basins in western margin of India and their hydrocarbon prospects with special reference to Kutch basin. Bull. Amer. Assoc. Petr. Geo., v. 66, pp. 1467-1513.

- Biswas, S. K. e Deshpande, S. V. (1970) Geological and tectonic maps ofKutch; Bull. O. N. G. C. 7 115-123

- Biswas, S.K. (1971) Note on the Geology ofKachchh. Quat. Jour. Geol. Min. Met. Soc. Ind., v. 43, pp.223-236.

- Biswas, S.K. (1981) Basin framework, palaeoenvironment and depositional history of the Mesozoic sediments ofKachchh, Western India. Quart. Jour. Geol. Min. Met. Soc. Ind., v. 53, pp. 56-85.

- Hardas, M.G. (1968). Geology of the area to the south and southwest ofBhuj, Dist. Kutch, Gujarat with special reference to stratigraphy, sedimentation and structure. Tese de doutoramento não publicada M.S.Uni. Baroda.

- Kar, A. (1993) Influências neotectónicas nas variações morfológicas ao longo da linha costeira de Kachchh, Índia. Geomorphology, v. 8, pp. 199-219.

- Maurya, D.M., Raj, R. e Chamyal, L.S. (2000) History of tectonic evolution of Gujarat alluvial plains, Western India, during Quaternary: a review. Jour. Geol. Soc. Ind., v. 55, pp. 343-366.

- Maurya , D.M.; Thakkar, M.G., e Chamyal, L.S., (2003a). Quaternary geology of the arid zones ofKachchh: terra incognita. Actas da Academia Nacional de Ciências da Índia, 69, 23135.

- Maurya, D.M., Thakkar, M.G. and Chamyal, L.S. (2003 b) Implications of transverse fault system on tectonic evolution ofMainland Kachchh, western India. Current Science, v. 85, pp. 661-667.
- D.M. Maurya, M.G. Thakkar, A.K. Patidar, S. Bhandari, B. Goyal, e L.S. Chamyal (2007), Late Quaternary Geomorphic Evolution of the Coastal Zone ofKachchh, Western India, Journal of Coastal Research (no prelo).
- Mayer, L. (1986) Tectonic geomorphology of escarpments and mountain fronts. Active tectonics (Ed. Wallace, R,E.)pp.l25-135.
- Roy, B. e Merh, S.S. (1981). O Grande Rann de Kachchh: An intriguing Quaternary terrain. Rec. Res. Geol., v. 9, (Hind. Publ. Corp., Delhi), pp. 100-108.
- Thakkar, M.G., Maurya D.M., Raj, R. e Chamyal, L.S. (1999) Quaternary tectonic history and terrain evolution of the area around Bhuj, Mainalnd Kachchh, western India. Jour. Geol. Soc. Oflnd.,v. 53,pp. 601-610.
- Thakkar, M.G., Maurya, D.M., Rachna Raj e Chamyal, L.S. (2001): Morphotectonic analysis ofKhari River Basin ofMainland Kachchh: Evidence for Neotectonic activity along transverse fault, Bull. Ind. Geol. Assoc. Structure and Tectonics of Indian Plate, Chandigarh, pp.205-220,
- Thakkar, M.G., Bhanu Goyal, Patidar, A., Maurya, D. M. e Chamyal, L.S. (2006): Bedrock gorges in the central mainland Kachchh: Implicações para a evolução da paisagem Jour. Earth Sys. Sci. 115NO.2 pp.1-8
- S.K.Biswas Stratigraphy and sedimentary evolution of the Mesozoic Basin ofKutch, Western India (Estratigrafia e evolução sedimentar da bacia mesozóica de Kutch, Índia Ocidental). K.D.M.I.P.E, Comissão do Petróleo e do Gás Natural, Deharadun-248001(1987)

Printed by Books on Demand GmbH, Norderstedt / Germany